TRAICTÉ DES GLOBES, ET DE LEVR VSAGE.

Traduict du Latin de ROBERT HVES.

ET

Augmenté de plusieurs nottes & operations du compas de proportion.

Par D. HENRION, Mathematicien.

A PARIS,
Chez ABRAHAM PACARD, ruë sainct Iacques, au sacrifice d'Abraham.

M. DC. XVIII.

AVEC PRIVILEGE DV ROY.

A MESSIRE

LOVIS DE GOT,

CHEVALIER, MARQVIS DE ROVILLAC, BARON DE Rochefort, seigneur d'Ansan, de Clerac, Lioux, & de Blanchefort, Gentilhomme ordinaire de la Chambre du Roy, &c.

MONSEIGNEVR,

L'asseurance que i'ay de vostre bon naturel & humanité, qui a tousiours eu plus d'égard à la volonté qu'au prix & valeur des presents, m'a fait prendre la hardiesse de mettre en lumiere soubs l'adveu de vostre illustre nom, ce petit traicté des Globes : ie vous l'offre d'autant plus volontiers que ie sçay le subject d'iceluy ne pouuoir vous estre sinon tres-agreable. Car vous y verrez la description des constella-

tions & figures Cœlestes, & celle des Royaumes de la terre, representée comme en vn tableau racourcy : tellement que vous qui auez esté veoir la situation naturelle de l'Espagne, Angleterre, Italie, Allemagne, & de toutes les autres Prouinces adjaceantes à la France, pourrez faire iugement combien l'artisan a fidellement representé chacune d'icelles Prouinces en son lieu, & selon que se comportent ses bornes & limites. Vous y recognoistrez la Polongne, Moscouie, Lithuanie, & Suede, qui sont les lieux principaux où vous auez aussi esté, & où vous auez principalement fait paroistre vostre genereux courage par actions, lesquelles en l'année mil six cents neuf, pleurent tant aux François qui estoient en la guerre que le Roy de Suede auoit contre le Roy de Polongne, qu'ils vous esleurent tous d'vne voix pour leur general : Et bien qu'vn autre en feut pourueu par commission du Roy, neantmoins vous obtintes ladite charge de general des François, à la poursuitte & instance de la nation. Vous y verrez encore la Danie, Noruegue, & au-

tres pays Septentrionaux, où vous estiez allé, pensant y trouuer occasion de tesmoigner le ressentiment que vous auiez de la perte des François, cruellement assasinez & mis en piece par le commandement du general de Suede, lors que les ayant laissé en garnison vous reuintes en France pour y faire nouuelle leuée de cauallerie: Bref, vous y remarquerez tous les endroits, soit de terre, soit de mer, où vous accompagnâtes le Roy de Dannemarc, en la guerre qu'il auoit contre le Roy de Suede, en laquelle vous fistes telle preuue de vostre genereux courage & prudence signalée, que la Majesté du Roy de Dannemarc vous promit la charge de general des François, aduenant le cas que la guerre continuast l'année lors suiuante: Et d'autant que vos gestes & nobles actions, non seulement recognuës en temps de guerre, mais encores au temps de paix, peuuent donner subject de tres-ample discours aux langues & plumes de ceux qui sçauent dire & coucher par escrit beaucoup mieux & plus disertement que ma capacité ne porte, ie leur en laiſſe l'entrepriſe, & deſire qu'ils s'y employent auec telle volonté & affection, qu'eſt celle dont vous cheriſſez toute ſorte de perſonnes vertueuſes, & par laquelle vous m'auez obligé à vous offrir ceſt eſcrit, & demeurer à iamais,

MONSEIGNEVR,

Voſtre tres-humble & tres-obeïſſant ſeruiteur,

D. HENRION.

AV LECTEVR.

AYANT esté prié par plusieurs de mes amis de faire quelque traicté des Globes; & par d'autres, de traduire celuy que Robert Hues en a fait; pour cõtenter les vns & les autres, i'ay fait ladite traductiõ, & mis quelques annotations és lieux où i'ay estimé en estre besoin: i'ay aussi adjousté à la plus-part des operatiõs qui se fõt sur lesdits Globes, le moyen de faire & pratiquer icelles operations, tant par la doctrine des triangles Spheriques, qu'auec le compas de proportion. Et afin qu'on discerne ce que nous auons adjousté, d'auec le texte dudit Hues, nous auons fait imprimer ce qui est dudit autheur en lettre Romaine, & nos additions en lettre Italique. Est à notter que ledit Hues est Anglois; & partant que quand il dit, *ceux de nostre pays* (ou autre chose semblable) il entend parler des Anglois: Aussi, que ledit Hues compte tousiours les iours des mois selon l'ancien Calendrier, le Gregorien n'étant receu ny suiuy en Angleterre, c'est pourquoy il faut tousiours adjouster aux nombres des iours par luy cottez, les 10. iours retranchez en l'année 1582. afin d'auoir le nombre des iours correspondants au Calendrier Gregorien.

EXTRAICT DV PRIVILEGE DV ROY.

PAR grace & Priuilege du Roy, il est permis à D. Henrion Mathematicien, de faire imprimer par tel Imprimeur que bon luy semblera, vn Liure intitulé *Traicté des Globes, traduit du Latin de Robert Hues*, & ce iusques au terme de dix ans, finis & accomplis: à compter du iour que ledit Liure sera acheué d'imprimer: pendant lequel temps deffences sont faites à tous Imprimeurs, Libraires, & autres personnes, de quelque estat, qualité ou condition qu'ils soient, d'imprimer ou faire imprimer, alterer ny extraire aucune chose dudit Liure: d'achepter, vendre, ny distribuer aucune induë impression d'iceluy, sur peine d'amende arbitraire, & confiscation des Liures & exemplaires d'iceux, qui se trouueront d'autre impression que de celle qu'aura fait faire ledit Henrion. Voulant en outre sa Majesté, qu'en apposant au commencement ou à la fin dudict Liure vn extraict des presentes, elles soient tenuës pour bien notifiées & signifiées, nonobstant quelconque lettre au contraire: Car tel est le plaisir de sa Majesté. Donné à Paris le 12. Octobre 1617. & de nostre regne le huictiesme. Par le Roy en son Conseil.

RENOVARD.

PREFACE.

IL y a de deux sortes d'instrumens, par le moyen desquels les Cosmographes ont estimé pouuoir estre representée, & comme en vn tableau racourcy, exposée à la veuë d'vn chacun, toute la face du ciel & de la terre, distinguée par vne merueilleuse & differente varieté: L'vn, pour-autant qu'il propose ceste Idée là en vn rond solide, est appellé *Globe* ou *Sphere*: L'autre, pour ce qu'il l'exprime en vn plain, s'appelle *Planisphere.* Tous les deux, inuentez dés long temps, & paruenus par vne continuelle tradition iusques à nostre siecle, ont pris par succession de temps leurs accroissemens. Diodore Sicule rapporte que la Sphere ou Globe, & quant & quant son vsage, a esté premierement inuenté par Atlas Libycus, d'où vient la fable, qu'il a soustenu le ciel de ses espaules. Les autres en donnent l'inuention à Thales. Mais depuis, Crates, duquel Strabon fait mention, en a fait estat, & l'ont orné Archimedes, Proclus, & entre autres Ptolomée, selon l'aduis & precepte duquel, Leontius Mechanicus dit, que les Spheres solides ont coustume d'estre faites & fabriquées par ceux qui sont venus depuis. Cest instrument a esté en ces derniers siecles orné & reparé par Gemma Phrisius, & Gerrard Mercator, par l'industrie & diligence desquels a esté fait grand accroissement és Globes qui ont esté mis en lumiere à Londres l'an 1593. tellement qu'à grand peine y pourroit-on adiouster aucune chose. Le Planisphere, qui est d'vne inuention tresbelle, contient en soy vn artifice digne d'admiration, la fabrication estant desduite & tirée des sources & fontaines d'Optiques & Geometrie; ioinct qu'il a vne ioliueté & mignotise merueilleuse. Mais cest autre là de nature plus ancien (afin que ie passe soubs silence la delectation) est d'vne forme plus conuenable, & beaucoup plus propre à l'entendement, parce qu'il represente les choses en leurs formes propres & naturelles: Car il ne s'est presque trouué personne qui ait doubté de la forme du ciel, touchant la rondeur. Et quant à la forme de la terre, combien que parmy les anciens Physiciens, plusieurs & diuerses opinions ayent esté diuulguées, les vns soustenans qu'elle est platte, les autres qu'elle est caue, aucuns qu'elle est cubique, & d'autres qu'elle est en forme pyramidale; ceste-cy toutesfois qui constituë la terre ronde, doit (& à bon droict) estre seule suiuie, & toutes les autres opinions rejettées. Or nous la disons ronde, combien qu'elle ait ses inégalitez en grande éminence de montagnes, & depression de vallées. Eratosthenes a dit que la terre est de la forme d'vn Globe, non pas comme fait au tour, mais qui ait certaines inégalitez, Strabon li. 1. La figure de la terre n'est pas absolument ronde, ayant de grandes plaines de campagnes, & haulteur de monts, comme dit fort bien Pline l. 2. c. 21. Strabon l. 1. a escrit que la terre auec l'eau constituë vn globe, nō comme le ciel, mais non beaucoup different de sa forme. On prouue aussi par raisons que la terre auec la mer qui luy est entremeslée, est ronde. Car tant du costé d'Orient que d'Occident, le Soleil, la Lune & les Estoilles le prouuent & tefmoignent, pource qu'elles fe leuent & couchent aux Orientaux pluftoft qu'aux Occidentaux. Les Perfes qui demeurent en Orient reçoiuent les rayons du Soleil 4. heures pluftoft que les Iberiẽs qui demeurent en Occident, felon Cleomedes liu. 1. Les Eclipfes (principalement Lunaires,) lefquelles eftants faites en mefme temps, ne font pas obferuées en mefme temps & heures du iour. Mais l'heure de l'obferuation eft pluftoft aux Orientaux qu'aux Occidentaux. L'Eclipfe qui eft arriuée à 5. heures aux Arbeliens, a efté veuë à Carthage à 2. heures, comme tefmoigne Ptol. l. 1. de fa Geog. ch. 4. L'Eclipfe de Soleil que la terre de Labour a veu entre les 7. & 8. heures du iour, a efté veuë en Armenie par le Duc Corbulo entre les 10. & 11. ainfi que dit Pline liu. 2. ch. 70. Les occultations, apparutions, efleuations & depreffions des Eftoilles & des Polles, monftrent fa rotondité de Midy vers Septentrion. Ceft Aftre qui reluit au hault du gouuernail d'Argos (appellé par les Grecs *Canobe*) fe voit à Rhodes auec difficulté, ou bien certes des lieux efleuez. En Alexandrie il fe voit fort à plain & à defcouuert, eftant efleué fur l'horizon d'enuiron la quatriefme partie d'vn figne, comme dit Procle à la fin du liuret de la Sphere : Car i'eftime qu'il faut lire *on le voit à defcouuert*, & non pas comme il fe trouue communément efcrit *qu'on ne le voit point du tout*, cõbien que le texte Grec & la verfion Latine femblent contraire à cela. Es Eclipfes Lunaires (qui fe font par l'aduenement de la Lune en l'vmbre de la terre) nous voyons que les extremitez de la mefme vmbre font rondes ; ce que les Opticiens prouuent ne fe pouuoir faire que par vn corps rond & globeux. Cefte feule raifon eft plus forte que toute exception qu'on pourroit apporter à l'oppofite, fçauoir eft qu'eftant en haulte & pleine mer, si on veut aborder & prendre terre: premierement les sommets des montagnes se descouurent à la veuë, mais les pieds d'icelles ne se voyent sinon lors qu'on en approche de plus pres, & ce à cause de la thumeur & rotondité de la terre qui interuient entre deux. Les causes pour lesquelles la forme plaine, caue, cubique & pyramidale est reiettée, sont declarez assez au long par Theon, interprete de Ptol. par Cleomedes, & presque par tous ceux qui ont escrit de la Sphere. François Patrice, auec quelques raisons, combien que froides, & auec quelques experiences mal entenduës, s'efforce de prouuer que la terre est platte & non ronde, & ainsi nous sert cõme d'vn mets qu'on a desia renuoyé plusieurs fois de dessus la table. Ie produiray icy en passant ses principaux argumens, & en peu de parolles : car nostre dessein ne permet pas de nous amuser long temps en la refutation d'iceux. Les haulteurs des montagnes, & profondeurs des vallées, bien differentes d'vne égale & plaine campagne, semblent estre contraires à la rondeur de la terre. Qui croira, dict Patricius, que les plus haultes montagnes de Noruege, le mont Slotus soubs le polle, qui surpasse en haulteur tous les autres du monde, soient de mesme superficie que la mer d'audessoubs. Puis que c'est icy la principale raison, par laquelle la rondeur de la terre, entremeslée auec la mer, semble estre ruinée, espluchons vn peu par le menu, & considerons de quelle grandeur est ceste haulteur, qui semble oster quelque chose de l'égalité de ce globe. A la verité Aristote, Mela, Pline & Solin racontent plusieurs choses, touchant la haulteur du mont Athon en Macedone, de celuy de Casius en Syrie, & aussi d'vn autre de mesme nom en Arabie, & du mont Caucase, qui sont si admirables, que le tout doibt plustost estre referé à fable qu'à verité. Entre autre miracle, ils ont remarqué que le mont Athos a ietté son vmbre depuis la Macedone iusques à la place publique de Myrrhine en l'Isle de Lemnos, veu que ledit mont Athos est distant de ladite Isle de 86. milles. Mais d'autant que le mont Athos est à l'Orient de l'Isle de Lemnos, cõme il appert és tables de Ptolomée, nous n'admirons pas tant l'estenduë de l'vmbre iusques à vne telle distance, pour-autant que l'experience iournaliere nous enseigne que les vmbres sont tres-grandes au leuer & coucher du Soleil. On doibt plustost mettre au nombre des fables ce que Pline & Solin escriuent du mesme mont, sçauoir qu'il est tellement esleué, qu'on le croit plus hault que le lieu mesme duquel tombe la pluye. Ceste opinion a trouué lieu de croyance (comme ils disent,) pource que la cendre qui est sur les autels dressez au sommet d'iceluy mont, ne s'escartent, ny dissipent, ains demeure au mesme amas qu'on l'a laissée. A cecy se peuuent adioindre les Eclogues de la fin du l.7. de Strabon, lesquelles tesmoignent que ceux qui habitent au sommet du mesme mont voyent leuer le Soleil 3. heures plustost que ceux qui demeurent en la mer. Aristote parle fort de la haulteur du mont Caucase, parce que le sommet d'iceluy est illuminé des rayons du Soleil, iusques à la troisiesme partie de la nuict, tant le soir que le matin. Pline & Solin racontent autant fabuleusement, que du sommet du mont Casius en Syrie on voit leuer le Soleil dés la quatriesme veille de la nuict. Mela dit le mesme aduenir au mont Casius en Arabie. Or Pierre Nognez a prouué subtilement par argumens & demonstrations Geometriques, que toutes ces choses doiuent estre tenuës pour fables. Ce qu'escrit Eustathius est ridicuſe, que Calpe & Abenne (appelées collomnes d'Hercules) ſont eſtimées d'vne merueilleuſe haulteur par Dioniſius Periegete (*c'eſt celuy qui a eſcrit en vers quelques œuures Geographiques,*) & toutesfois qu'elles ne ſont pas plus eſleuées de cent aulnes, c'eſt à dire vne ſtade. Les Pyramides d'Egypte, teſmoing Strabon, ſont de ſemblable haulteur. Les arbres des Indes ſont plus haults, ſi nous adjouſtons foy à la relation de ceux qui au meſme Strabon rapportent, que pres le fleuue Hyarotide, vn arbre a fait ſon vmbre à midy de cinq ſtades. Il faut meſler les fables des anciens auec la vanité des derniers ſiecles.

Tenariffe, qui eſt vne des Canaries a quinze lieuës de hault, qui ſont plus de ſoixante milles, ſelon Scaliger, par le rapport de quelques autres. Patricius n'eſtant de meſme aduis la fait monter à 70. milles. Il y a encore d'autres monts fort renommez à cauſe de leurs haulteurs, comme les Andes du Perou, & Pico de l'Iſle des Aſores, mais non pas tant que celuy de Tenariffe. Voyons quelle foy il faut adjouſter à ces relations. Certes les narrations de pluſieurs teſmoignent que Tenariffe s'eſleue ſi hault, qu'il eſt probable qu'au monde il n'y en a point de plus hault, (non pas meſme le mont Slotos, lequel nous ignorons auoir iamais eſté veu d'aucun, ſinon ce qu'on raconte d'vn certain Magicien Necromantien qui y a eſté porté.) Toutesfois de ne pouuoir attaindre la haulteur que luy attribuë Scaliger, il eſt probable, parce qu'elle eſt perpetuellement couuerte de neige: car les eſcrits des Eſpagnols teſmoignent qu'il n'y a aucun mois en Eſté auquel elle ne ſoit blanchie de nege. Or ils ne perſuaderont iamais que les neiges s'engendrent ſeptante ou ſoixante milles au-deſſus de la plaine de l'eau, ou de la terre, veu que les plus haultes vapeurs, selon la mesure d'Eratosthenes, n'atteignent pas quarante-huict milles du circuit terrestre; mais selon la mesure de Ptolomée, à grand peine vont-elles à quarante-vn milles. Il est vray que Cardan, & quelques autres Professeurs és Mathematiques, esleuent les vapeurs iusques à deux cents quatre-vingts huict milles : mais ce n'est pas sans blasme qu'ils ont remply leurs escrits de semblables fadaises. Solin dit que le sommet du mont Atlas s'esleue iusques au lieu voisin du cercle Lunaire : Mais luy-mesme parle contre son erreur, confessant que le sommet d'iceluy est couuert de neige, & reluisant de feu la nuict. Ce qu'Herodote, Denis l'Affriquain, & son Scholiaste Eustatius rapportent, touchant sa haulteur, n'est pas beaucoup dissemblable, d'où vient qu'il a esté appellé la collomne des Cieux : Mais laissant à part ces vains & prodigieux discours, venons à ceux qui sont plus croyables. Eratosthenes ayant mesuré les distances & interualles par le moyen d'instrumens dioptriques, trouua que la haulteur du sommet de la montagne iusques au pied prise à plomb, ne surpasse point dix stades. Cleomedes rapporte, qu'il ne se trouue aucune montagne plus haulte que quinze stades. Strabon liure vnziesme de sa Geographie, fait mention d'vne roche de semblable haulteur en Bactrian, qui s'appelle la pierre de Sisimitre. Solin dict que les sommets des montagnes de Thessalie sont plus esleuez qu'en aucun autre lieu la haulteur de toutes autres montagnes. Mais s'il faut croire à Pline, Dicearchus ayant mesuré les montagnes par l'ordonnance de quelques Roys, recongneust que

Peliõ, la plus haute de toutes, ne s'esleue point plus de 1250. pas, qui font 10. stades. Mais allons plus outre, de peur que nous ne semblions estre plus estrains en ces choses, ou les definir plus brefvement qu'il n'est loisible & raisonnable. Adioustons à la haulteur des montagnes la profondeur de la mer, dont l'Illust. Iul. Scaliger exercite 38. cõtre Cardan, escrit ainsi, *La profondeur de l'eau n'est pas grande, sçauoir que rarement elle excede 80. pas, en plusieurs endroicts elle ne vient pas iusques à 20. en quelque peu à 6. encores moins à 100. & en fort peu d'endroits elle surpasse ce nombre.* Mais parce que l'experience iournaliere des Nautonniers nous tesmoigne que ces choses s'esloignent de la verité, faisons ceste depression du fond de la mer égale à l'esleuation des montagnes, afin qu'elle s'abaisse de 10. stades, autant qu'est la plus grande profondeur de la mer Sardoine selon Posidonius en Strabon, ou bien qu'elle soit si on veut abaissée de 15. stades : car ainsi le veulent Cleomedes & Fabianus en Pline l. 2. ch. 122. George Valle rapporte mal à propos, & infidellement Cleomedes, lors qu'il attribuë à la profondeur de la mer la mesure de 30. stades. Ces fondements ainsi pris, voyons quelle raison il y a de l'éminence des montagnes au diametre de toute la terre, afin que de là nous colligions que les esleuations des montagnes n'ostent rien à la rondeur de la terre, mais que ceste excressence & surcroit sera comme vn festu ou vne poudrette en vne balle, ainsi que l'afferme Cleomedes: Car si nous prenõs que le circuit de la terre soit de 180000. stades, comme veut Ptolomee (aucun des anciens n'en a mis moindre mesure, comme tesmoigne Strabon,) son diametre sera plus de 57272. stades (selon la raison d'Archimede.) Si donc les montagnes sont esleuées iusques à 10. stades (ce qui a pleu à Eratosthenes & à Dicearchus) il y aura telle raiſon du plus hault mont au diametre de la terre que d'vn à 5727. (Peucer a failly, diſant que du diametre de la terre au perpendicule de 10. ſtades, il y a telle raiſon que de 18000. à vn, ceſte raiſon eſt à toute la circonferẽce, & non au diametre.) Si la haulteur des montagnes s'eſtend iuſques à 15. ſtades, (cõme a voulu Cleomede) la raiſon ſera d'vn à 3818. Mais que les montagnes, ſi on veut, ſoient eſleuées de 30. ſtades, de laquelle haulteur Strabon dit qu'il y a vne pierre en Sogdiane, (mais il ſemble à Cleomedes que la meſure de la plus haulte montagne n'eſt pas plus grande, eſtant meſme adiouſtée la profondeur de la mer, au perpendicule:) ceſte raiſon n'eſt pas plus grãde que d'vn à 1908. Qu'elles s'eſleuent encores, ſi on veut, à 4. milles, ou 32. ſtades, (cõme fait le mont Caſius en Syrie, ſelon Pline) la raiſon ſera vn peu moindre que d'vn à 1789. Tant s'en faut que ie croye à Patricius, touchant la haulteur de Tenariffe, qu'il dict eſtre de 72. milles, (ſi ce n'eſt qu'on le veuille meſurer par des voyes & chemins obliques, ainſi que Pline a eſleué le ſommet des Alpes à 50. milles,) afin que ie ne conſente auſſi à Alhazan Arabe, lequel a eſleué le ſommet des montagnes à 8. milles, ou comme i'eſtime à 80. ſtades. Ie ne ſuis point auſſi d'aduis de croire Pline liu. 4. ch. 11. touchant la haulteur du mont Hemus, qu'il fait de 6. milles, non pas meſme le croire de la haulteur de 4. milles. Ie ne crois pas auſſi facilemẽt à Mercurius, qui dit qu'il eſt encores eſleué plus hault. Iuſques à preſent nous auons parlé de la haulteur des montagnes, laquelle ſembloit empeſcher la rondeur de ce globe terreſtre.

Patricius adiouſte que les eaux ne ſont pas auſſi ronde comme vne Sphère. Il prend ſon argument des librateurs & niueleurs d'eaux, leſquels auec des inſtrumens dioptriques ont recogneu que les eaux ſont d'vne égale & pleine ſuperficie (ſinon entend qu'elles ſont agitées des vents,) au contraire Eratoſthenes aſſeure dans Strabon que la ſuperficie de la mer eſt eſleuée en vn lieu, & abaiſſée en vn autre. Il appelle les Architectes ou Librateurs des eaux pour teſmoings de ſon ignorance, leſquels ont denoncé à Demetrius qui deuoit foüir & creuſer l'Iſthme Peloponneſe, auoir trouué par dimenſions & meſures, que la mer qui eſt au ſein Corinthien, eſt plus eſleuée que celle qui eſt aux Cenchrees. On eſtime que Seſoſtrius, Roy d'Egypte, s'eſt deſiſté de la rupture de l'Iſthme Arabique, pource qu'il iugeoit que la ſuperficie de l'eau au goulfe Arabique eſt plus eſleuée qu'en la mer Mediterranée, Ariſtote en la fin du liu. 1. des meteores. Le meſme Ariſtote teſmoigne au meſme lieu, que le ſemblable eſt arriué par apres à Darius. Quant à moy ie ne me ſoucie pas ſi les Architectes des Roys Seſoſtrius, Darius, & Demetrius ſont plus dignes de foy que ceux que Patrice nomme. Strabon reprend fort Eratoſthenes, de ce qu'il a attribué des éminences & depreſſions à la ſuperficie de la mer. Archimede enſeigne que de toute choſe humide, laquelle a conſiſtance, & qui eſt arreſtée, la ſuperficie en eſt ſpherique, & a ſon centre commun auec la terre, afin qu'à bon droict nous rejettions les vns & les autres, tant ceux qui veulent la ſuperficie de la mer eſtre plane, que ceux qui luy donnent vne éminence & ſubſidence. La raiſon nous commande de confeſſer vne choſe, ſçauoir qu'vne petite portion de ce globe, telle qu'elle ſe peut voir, ne ſe peut diſcerner d'auec la ſuperficie plane par quelques inſtrumens que ce ſoit : tellement que de là ſe perd toute la force de l'argument, que Patricius tire de la foy & experience des Architectes & Librateurs.

Patrice debat que les esleuations & depressions, pareillement les occultations & émersions des poles & des Estoilles se peuuent faire, tout ainsi que l'experience iournaliere des matelots le tesmoigne, iaçoit que l'eau soit en quelque façon pleine: Car si quelque Estoille paroist au hault & sommet de quelque lieu, & que vous-vous esloignez de part ou d'autre d'iceluy lieu, elle semblera s'abaisser, encore que vous cheminiez en vne plaine. Mais il y a vne autre chose, à laquelle Patrice ne prend garde : vne Estoille ayant fait également son cours vers Midy ou Septentrion, s'éleue tousiours & abaisse également : ce que Patricius n'enseignera iamais se pouuoir faire en vne superficie plane. Si no⁹ prenõs quelque Estoille posée proche de l'Equateur, icelle au cours de 60 milles de nostre pays est presque esleuée par vn degré sur l'horison, soit que ceste Estoille paroisse au sommet, soit que l'on se retire en sorte qu'elle soit abaissée du sommet par 30. 50. degrez, ou par quelqu'autre nombre que ce soit : ce que les fondemens de Geometrie demonstrent ne se pouuoir faire en vn plan. Vne chose pouuoit faire foy à Patricius, (bien versé és nauigations des Espagnols, comme le tesmoignent ses escrits) que la superficie de la mer n'est plane ; qui est que ce Nauire appellé la Victoire, par lequel Ferdinand Magellan est party d'Espagne, ayant ordonné son cours entre Midy & Occident, vers le destroit qui a pris son nom de luy, est retourné en Espagne, ayãt passé outre le Promontoire de bonne esperance, & naugé par tout le circuit de la terre. Ie ne faits point mention des nauigations de ceux de nostre pays, sçauoir des illustrissimes François Drak & Thomas Candish, peut-estre incogneus aux estrangers. Nous auõs touché en passant les choses que Patricius a pris pour fondement de sa cause.

I'obmets les experiences, lesquelles mal entenduës il amene pour confirmer sa cause, veu qu'elles sont plus preiudiciables à son opinion, que profitables.

Ayant prouué en ceste façon la rondeur de la terre, veu que les éminences des plus haultes montagnes, à grand peine ont-elles pareille raison au demy diametre de la terre que l'vnité à 1000. (laquelle comme chacun sçait est fort petite) nous estimons choses superfluës de s'efforcer à prouuer d'auantage, que la forme ronde est la plus propre, pour exprimer naturellement la forme, tant du ciel que de la terre, & la plus facile & aisée à comprendre par l'entendement, & mesme la plus belle & agreable.

Or és globes materiels, outre la propre & conuenable delineation des lieux (qui est le principal) deux choses sont principalement requises, la grandeur ou capacité, afin qu'ils comprennent tant que faire se peut les particulieres descriptions des lieux : la seconde chose est la legereté, de peur que par leur poids & pesanteur ils ne soient incommodes. Strabon l. 11. a voulu qu'vn globe ait 10. pieds de diametre, afin de receuoir vne mediocre description des choses particulieres. Ceste masse est trop fascheuse, pour estre cómodément maniée. Et pour ce regard, i'estime que les globes desquels nous auons à traicter doiuent à bon droict estre preferez à tous les autres qui ont esté mis en lumiere iusques à present, pource qu'ils sont plus gros & capables que les autres : car leurs diametres sont de deux pieds & 1/6 partie. Or ceux que Mercator a mis en lumiere (plus grands qu'aucuns qui ayent encore esté veuz iusques à present) à grand peine sont-ils d'vn pied & 1/3. Parquoy la raison de la superficie de ces globes cy à ceux que Mercator a exposé sera telle, que de 1. à 2 3/5. & quelque peu plus grande. Donc chasque region sera plus de deux fois plus grãde en ces globes cy qu'en ceux-là : d'où vient que chasques lieux se peuuent beaucoup plus facilement descrire en ceux-cy qu'en ceux-là. Mais nous voulons entendre cecy de ceux qui sont exposez en la plus grande forme par Guillaume Sanderson, citoyen de Londres (de l'vsage desquels nous auons escrit ce petit traicté:) car il en a aussi mis en lumiere de plus petits, lesquels estans moindres en poids & grandeur, sont aussi à moindre prix, afin qu'on recognoisse que l'on a eu soing de l'estude & aduancement, non seulement des riches, mais aussi de ceux qui ont peu de moyens. Quant à ce qui est de ceste Geographie, veu qu'elle est prise & tirée des chartes & descriptions plus recentes, nous l'estimons beaucoup plus parfaite que les descriptions des autres, combien que peut-estre n'est-elle pas exempte de toute faute. Or qu'on se soit acquitté de cela en ces globes que nous proposons au public, l'ouurier d'iceux, à mon aduis, s'en pourra vanter & glorifier.

D'vne chose voulons-nous admonnester icy, qu'il faut chercher ailleurs les descriptions des lieux particuliers ; car c'est vne chose laquelle ne se doibt chercher és globes. Quant aux particulieres descriptions des lieux, Ortelius en ses tables Geographiques semble auoir surmonté l'industrie & diligence des autres : c'est pourquoy pourront estre tirées de là celles requises.

PREMIERE PARTIE, DES CHOSES QVI SONT COMMVNES A L'VN ET A L'AVTRE GLOBE.

CHAPITRE PREMIER.

Que c'est que Globe, quelles sont ses parties, & des cercles qui sont hors les Globes.

NOvs appellons Globes (entend qu'il touche à nostre propos) certaines representatiōs ou figures Analogiques & correspondantes proportionnellement au ciel & à la terre. Or nous les disons Analogiques, non seulement à cause de leur forme, parce qu'ils sont ronds, comme sont le ciel & la terre, auec la mer entremeslée; mais principalement parce que les Astres du ciel, exprimés par leurs images & figures, qu'on appelle constellations, comme aussi les contrées & regions de la terre nous monstrent chasque chose representée selon sa proportion, grandeur & distance: *Les cercles* tant *majeurs* que *mineurs*, lesquels les Cosmographes, par leurs obſeruations,ont treſbien conceu au ciel & en la terre,y ſont auſſi portraicts pour leur vſage. Or *les cercles majeurs* ſont ceux qui diuiſent toute la ſuperficie du globe en deux portions égales,& *les mineurs* qui la diuiſent en deux portions inégales.

Outre ces corps des Globes,qui ſont ſolides ronds, eſquels ce que nous auons dit eſt inſcript & marqué, on adiouſte à l'vn & à l'autre certaine machine,auec quelques inſtrumens neceſſaires à leur vſage,chacun deſquels nous expliquerons par ordre.

La fabrique & conſtruction de la machine eſt telle : En premier lieu,il y a vne baſe pour le ſouſtien des Globes,ſur laquelle ſont érigées à plomb ſix collomnes d'égalles longueurs entr'elles, ſur leſquelles eſt posé à niueau vn cycle annullaire fort gros & large parallel à la baſe, lequel on appelle horiſon,pource que la ſuperficie qui eſt au-deſſus d'iceluy fait l'office du vray horiſon. Car icelle ſuperficie eſt tellement ſcituée qu'elle diuiſe celle du Globe en deux parties égales,deſquelles l'vne qui paroiſt au-deſſus monſtre la partie du monde qui nous eſt apparente ; l'autre qui eſt deſprimée au-deſſoubs nous denotte la partie du monde que nous ne voyons point. Or ce cercle qui ſepare la partie du monde que nous voyons de celle que nous ne voyõs pas eſt appellé *horiſon*. Et ce poinct là qui apparoiſt au ſommet de l'hemiſphere ſuperieure, de tous coſtez également eſloigné de l'horiſon, s'appelle vulgairement *Zenith*,les Arabes l'appellent *Zemith* : mais il a obtenu ce nom corrompu,afin d'eſtre receu par tout : celuy qui luy eſt apposé vis-à-vis en l'hemiſphere inferieur,eſt appellé par les Arabes *Nathir*,vulgairement *Nadir*. Ces deux poincts ſont appellez *les poles de l'horiſon.*

L'horizon a diuers vſages & offices : premierement,il di-

uise le ciel en deux hemisphheres, l'vn superieur, & l'autre inferieur : Secondement, il monstre quelles Estoilles sont tousiours apparentes, quelles sont perpetuellement cachées, & quelles sont celles qui leuent & couchent. 3. Il monstre aussi les poincts du leuer & coucher desdites Estoilles, & combien il est esloigné du vray Orient & Occident. 4. Il monstre encore auec quel degré de l'ecliptique chasque Estoille se leue & couche. 5. Il sert à trouuer les latitudes des lieux. 6. A l'ayde d'iceluy est trouuée la quantité de quelque iour & nuict artificiel que ce soit. 7. Il est cause de l'habitude & position diuerse de la Sphere, comme sera dit cy apres.

En l'horison du Globe materiel sont descrites sur le bord les choses suiuantes: Premierement, les douze signes du Zodiaque, chascun d'iceux diuisé en 30. plus petites parties, afin que tout l'horizon soit diuisé en 360. parties, qu'on appelle *degrez*. Or si on conçoit vn degré estre aussi diuisé en 60. parties, chascune d'icelles est dicte *scrupulle* ou *minutte*, & par semblable diuision des *minuttes* ont fait *les secondes*, de celles-cy *les tierces*; & faisant tousiours semblable diuision, sont produictes *les quartes*, *les quintes*, *&c.* Est aussi descrit sur cest horizon le Calendrier Romain, & ce en trois formes : A l'antique, qui est aussi en vsage chez nous : A la recente ou nouuelle forme, instituée par le Pape Gregoire XIII. par laquelle les Equinoxes & Solstices sont restituez aux mesmes lieux qu'ils estoient au temps du Concile de Nice : Le troisiesme Calendrier a restitué les mesmes equinoxes & solstices aux lieux & places qu'ils tenoient au temps de la Natiuité de nostre Seigneur Iesus-Christ. Les mois du Calendrier sont diuisez en iours & sepmaines, ausquelles sont adjoincts des caracteres qui leur seruent de monstres & indices, sçauoir les sept premieres lettres de l'Alphabet Romain, laquelle maniere de designer les iours des

des mois, a esté introduite peu de temps apres le Concile de Nice, par Denis Abbé Romain.

Entre les iours des mois se trouuent en quelques endroicts ces trois lettres K, N, I, qui signifient Kalendes, Nones & Ides, mots vsitez entre les Romains, pour denotter les iours de chasque mois: car ils nomment Calendes le premier iour de chasque mois: Nones les 4. ou 6. iours qui suiuent les Calendes de chasque mois, les commençant au septiesme iour des mois de Mars, May, Iuillet & Octobre, lesquels ont chacun 6. Nones, & au cinquiesme iour és autres mois qui ont chacun 4. Nones: Ides sont 8. iours qui suiuent apres les Nones, & sont tousiours au 13. ou quinziesme iour du mois, selon que les Nones precedent. Car si les Nones sont au cinquiesme iour, les Ides seront le treziéme: mais si les Nones sont le septiéme iour, les Ides seront le quinziesme. Ainsi les Romains & Latins, pour datter du premier iour de Ianuier, disent Calendis Ianuarij; *du premier iour de Feurier* Calendis Februarij, *& ainsi des autres mois: mais ils dattent tous les autres iours par Nones, ou par Ides du mesme mois, ou par Calendes du mois suiuant: tellement que pour datter des 2. 3. 4. & 5. iours des mois de Mars, May, Iuillet & Octobre, qui ont 6. Nones, ils disent* sexto, quinto, quarto, & tertio Nonas, *qui est autant que si nous disions le 6. 5. 4. & troisiesme iour deuant les Nones: Es autres 8. mois, qui n'ont que 4. Nones, on dit seulement* quarto, & tertio Nonas; *& pour le iour de deuant les Nones ils mettent* pridie Nonas: *pour datter du iour des Nones ils mettent* Nonis Ianuarij, *ou autre mois: & pour conter iusques aux Ides, ils disent* octauo, septimo, sexto, quinto, quarto, tertio, & pridie Idus, *qui signifient le 8. 7. 6. 5. 4. 3. & iour de deuant les Ides: car ils ne disent iamais* secundo Idus, *ou* Calendas, *ou* Nonas, *ains* pridie Idus, *ou* Nonas, *ou* Calendas: *Apres les Ides, lesdits Latins comptent* decimo nono Calendas *en d'aucuns mois; en d'autres* decimo octauo, decimo septimo, & decimo sexto, *selon la diuersité des mois, donnant tousiours la denomination des Calendes du mois suiuant. Or combien que ces choses appartiennent plus aux Romains, qu'aux François, pour lesquels i'ay fait ceste traduction; & partant que ce que i'ay dit icy suffit pour l'explication des lettres K, L, I, cottées sur l'horison du Globe, neantmoins i'ay estimé qu'il ne seroit desagreable à quelques-vns, si nous mettions encore icy quelques exemples des choses cy-dessus, veu que personne n'a encor bien exprimé & donné entiere intelligence aux François, pour se seruir desdites Calendes, Nones & Ides. Si donc on veut denommer le iour de quelque mois proposé à la façon des Latins, qu'on considere premierement si ce mois là est l'vn de ces 4. Mars, May, Iuillet & Octobre, ce qu'estant, & le iour proposé soit le septiesme, iceluy iour sera les Nones dudit mois: mais si le iour donné estoit le quinziesme, il seroit les Ides du mesme mois: Que si le iour proposé est deuant le septiesme, ou apres, deuant le quinziesme toutesfois, son nombre diminué de l'vnité soit osté de 7. ou de 15. & le nombre restant soit denommé par Nones ou Ides, selon que le iour proposé sera deuant le 7. ou 15. iour. Et si le iour proposé estoit apres le quinziesme iour, son nombre moins l'vnité soit osté du nombre des iours du mois entier augmenté d'vne vnité, & le nombre restant soit denommé des Calendes du mois suiuant.*

Il faut obseruer les mesmes choses és 8. autres mois, excepté qu'au lieu du septiesme iour des Nones, & quinziesme des Ides, il faut prendre les 5. & treziesme iours.

Pour exemple, *Soit proposé à denommer le troisiesme iour d'Octobre: Pource qu'iceluy precede 7. i'oste 2. de 7. & restent 5. ie dis donc que ledit troisiesme iour proposé est le cinquiesme deuant les Nones d'Octobre.*

Derechef, *soit proposé le 12. iour dudit mois: Pource que les Ides tombent au quinziesme dudit mois, & que le iour proposé est apres les Nones, & deuant les Ides, ie soustrais 11.*

de 15. & restent 4. Ie dis donc que ledit douziesme iour proposé est le quatriesme deuant les Ides d'Octobre.

D'auantage, *soit donné le 24. de Iuin : D'autant que les Ides sont passées, & les Calendes de Iullet tombent au 31. iour, nombrez dés les Calendes de Iuin, (car Iuin a 30. iours) nous osterons 23. de 31. & resteront 8. Ie dis donc que le 24. Iuin est dit, selon les Romains, le huictiesme deuant les Calendes de Iullet.*

Soit encore donné le 10. iour de Septembre : Pource que les Nones sont passées, & les Ides aduiennent au treziesme iour, ie soustrais 9. de 13. & restent 4. Ie dis donc que le 10. Septembre est dict le quatriesme deuant les Ides d'iceluy mois.

Et est à notter, que quand le nombre restant est 2. qu'il ne faut pas dire le deuxiesme deuant les Nones, ou les Ides, ou les Calendes, mais le iour deuant les Nones, les Ides, ou Calendes.

Mais si estant proposé vn iour denommé par les Nones ou Ides de quelques mois, ou par les Calendes du subsequent, on veut sçauoir le quantiesme iour c'est du mois, il faudra soustraire le nombre denommé diminué de l'vnité, du nombre du iour auquel aduiennent les Nones, ou Ides, ou Calendes du mois ensuiuant, selon que le iour sera denommé par Nones, Ides, ou Calendes, & le reste donnera le iour du mois cherché.

Comme pour exemple: *Soient proposées certaines lettres escrites le cinquiesme iour deuant les Ides d'Aoust: Pource que les Ides d'Aoust aduiennent le treziesme iour, i'oste 4. de 13. & restent 9. Ie dis donc que ces lettres là furent escrites le 9. Aoust.*

Item, soit donné vne autre lettre dattee du cinquiesme iour deuant les Nones de Mars : D'autant que les Nones de Mars escheent au septiesme iour, ie soustrais 4. de 7. & restent 3. & tel est le iour auquel ont esté escrites lesdites lettres.

Soit encore proposé vne datte du 8. iour deuant les Calendes de Iullet : Pource que lesdites Calendes aduiennent le trente-vniesme iour, nombrez dés les Calendes de Iuin, si on oste 7.

de 31. resteront 24. Ie dis donc que la datte proposee est du 24. iour de Iuin.

Le dernier bord de l'horison est diuisé en 32. parties selon le nombre des vents, lesquels les Nautonniers recens obseruent en leurs nauigations, & par lesquels ils ont accoustumé de designer & remarquer les endroicts du ciel & contrées des regions. Car les plus anciens ne comptoient que quatre vents : ceux qui les suiuirent apres en adiousterent quatre autres ; depuis ils en compterent 12. par apres on en a introduit 24. comme enseigne Vitruue: En ce temps on en compte 32. les noms desquels sont exprimez en Anglois, & aussi en Latin en l'horison des Globes materiels.

A cest horison il y a deux fentes qui tiennent vn cercle d'airain à angles droicts : tellement qu'il peust estre conduit ça & là à l'entour par les mesmes fentes, ainsi que l'vsage le requiert : ce cercle s'appelle *Meridien*, parce qu'vne superficie d'iceluy, qui est diuisée comme l'horison en 360. degrez, tient la place du vray

Meridien Meridien. Or le *Meridien* est vn cercle majeur qui passe par les poles du monde, & par ceux de l'horison, lequel cercle estant attaint du Soleil par la reuolution diurne en l'hemisphere superieur, fait les moitiez de iours, & en l'hemisphere inferieure les demies nuicts.

Le Meridien a diuers offices & vsages, desquels ensuiuent les principaux: Premierement, il determine le temps semidiurne & seminocturne du iour artificiel. 2. A iceluy les Astronomes commencent le iour naturel. 3. Il monstre la plus grande haulteur du Soleil & des Estoilles, qui est dite haulteur Meridienne. 4. En iceluy est colloqué le Zenith de quelconque region, duquel puis-apres sont colligees les distances, tant des Estoilles, que des cercles parallels. 5. Par iceluy sont trouuez les longitudes & latitudes des lieux.

Ces deux cercles l'horison & le Meridien sont diuers & variables, tant au ciel qu'en la terre, selon la mutation des lieux : Mais és globes materiels, ils sont faits simples, fermes & inuariables, & la terre est faite muable & tournoyante, afin qu'à vn mesme Meridien les sommets ou Zeniths de tous lieux puissent estre appliquez.

A deux poinćts opposez de ce Meridien sont fichez les extremitez d'vn stille qui passe par la solidité du globe, & par le centre d'iceluy : l'vne de ces extremitez est appellée *le pole Boreal ou Arctique* du monde, l'autre *le pole Austral ou Antarctique :* & iceluy stile s'appelle *Axe* ou *essieu* du monde. Car *l'axe* du monde est le diametre d'iceluy, à l'entour duquel il tournoye. Les extremitez de l'axe sont *les poles.* *Axe. Poles Boreal & Austral.*

Lors que l'vsage le requiert, il faudra adioindre à l'vn ou à l'autre des poles vn petit cercle d'airain diuisé en 24. parties égales, selon le nombre des heures du iour entier & de la nuict, c'est pourquoy on le nomme *cercle des heures.* Il faut appliquer ce cercle à l'vn ou à l'autre des poles en telle maniere que la section de toutes les deux douziesmes heures, tant de midy, que de minuict s'accorde exactement à la superficie du vray Meridien. *Cercle horaire.*

A l'extremité de *l'axe,* passant par le centre du cercle des heures, il faut adiouster vn petit stile qui s'appelle *index* ou *monstre des heures,* fait & fabriqué de telle sorte, que le Globe faisant son tour, le stile adherāt à l'axe parcoure par les sections de toutes les heures. On pourra mouuoir cest Index de tous costez, & appliquer sa poinćte sur chasque heure du cercle des heures. *Index horaire.*

CHAP. II.

Des cercles qui sont marquez en la superficie du Globe.

ENsuiuent les cercles descrits en la superficie du Globe: Premierement à égale distance de l'vn & l'autre pole, ou par l'interualle de 90. degrez est tiré vn cercle majeur que l'on nomme *Equinoctial* ou *Equateur*, d'autant que lors que le Soleil est constitué en ce cercle, il fait par tout les iours égaux aux nuicts: par la reuolution de ce cercle est determiné le iour naturel. Car *il y a deux sortes de iours*, l'vn *naturel*, l'autre *artificiel*. Le *naturel* est l'espace par lequel la periode entiere de l'Equinoctial est acheuée, & est de 24. heures. *L'artificiel* est l'espace, pendant lequel le Soleil passe par tout l'hemisphere superieur; à iceluy la nuict est opposée, sçauoir lors que le Soleil passe en l'hemisphere inferieur. Le iour artificiel & sa nuict est égal au iour naturel.

Equateur.

Iour naturel, artificiel.

Les parties du iour sont *les heures*, lesquelles sont ou *egales* ou *inegales*. L'heure *egale* est la vingt-quatriesme partie du iour naturel, pendant lequel temps 15. degrez de l'Equateur s'esleuent sur l'horison, & s'abaissent dessoubs. *L'inegale* est la douziesme partie du iour artif. entre le Soleil leuant & le couchant. *Les parties des heures* sont *les minutes: vne minute* est la soixantiesme partie d'vne heure égale, pendant lequel temps le quart d'vn degré de l'Equateur, ou 15. minutes, se leuent ou couchent.

Heures égales, inegales.

Il appert donc que ce cercle a plusieurs & diuers offices. Car premierement l'autheur dit que le Soleil estant constitué en iceluy les iours sont égaux aux nuicts. 2. Qu'il determine tant le iour naturel que l'artificiel, & par consequent est la mesure du temps. 3. Iceluy Equateur sert de regle & canon pour di-

riger & regler l'irregulier mouuement que fait le Zodiaque d'Orient en Occident. 4. Il est le terme duquel les declinaisons ou esloignemens de quelconques poincts de l'Ecliptique & des Estoilles prennent leurs commencemens: tellement qu'il sert à trouuer lesdites declinaisons. 5. Il monstre quelle partie, soit du ciel, ou de la terre, est Meridionale, & quelle Septentrionale. 6. Par le moyen d'iceluy, chasques villes & Citez sont posees sur le Globe en leurs propres lieux.

Aussi le cercle majeur qu'on appelle *Zodiaque*, couppe obliquement l'Equateur en deux poincts opposez. Pline liu. 2. ch. 8. dit qu'Anaximander Milesin est le premier qui a entẽdu l'obliquité d'iceluy, Olymp. 58. Nous le voyons diuisé en 12. parties (qu'on appelle signes) lesquelles on dit auoir esté premierement obseruez par Cleostratus Tenedius, ainsi que dit le mesme Pline au mesme chap. Chacune d'icelles est derechef diuisée en 30. plus petites parties, afin que tout le Zodiaque (ainsi que tous les autres cercles) contienne 360. degrez. La premiere douziesme partie commence à l'vne des intersectiõs de l'Equateur & du Zodiaque, contant de l'Occident vers l'Orient, & est occupée par le Belier, la seconde partie par le Taureau, &c *Zodiaque*

Ensuiuent les noms tant Latins que François desdites 12. parties, ou signes du Zodiaque, ensemble les caracteres & figures, par lesquels ils sont ordinairement representez & figurez.

Aries.	Taurus.	Gemini.	Cancer.	Leo.	Virgo.
♈	♉	♊	♋	♌	♍
Le Belier.	*Le Taureau.*	*Les Gemeaux.*	*Le Cancre.*	*Le Lyon.*	*La Vierge.*

Libra.	Scorpius.	Sagitarius.	Capricornus.	Aquarius.	Pisces.
♎	♏	♐	♑	♒	♓
Les Balances.	*Le Scorpion.*	*Le Sagitaire.*	*Le Capricorne.*	*Le Verseau.*	*Les Poissõs.*

Mais ceux qui sont peu versez és choses Astronomiques, pourront à bon droict doubter pour quelle cause les 30. premiers degrez, ou ladite premiere douziesme partie de tout le Zodiaque, sont attribuez au Belier, veu que la premiere Estoille de l'image du Belier ne suit pas l'intersection de l'Equateur & du Zodiaque par moins de 27. degrez, la cause est telle. Au tẽps des plus anciens Grecs, qui ont les premiers obserué les lieux & places des Estoilles fixes, & les ont exprimé par leurs images & constellations, la premiere Estoille d'Aries estoit fort peu distante de l'intersection. Car au temps de Tales Milesius elle antecedoit l'intersection de deux degrez. Mais du temps de Meton Attique elle estoit en la mesme intersection. Au temps de Timochare elle la suiuoit de 2. degrez: & à cause de ceste propinquité, les anciens ont donné au Belier la premiere partie du Zodiaque, la seconde au Taureau, & aux autres chacun en son ordre. Ceux qui sont venus par-apres ont ensuiuy leurs traditions iusques à nostre temps. Soubs ce cercle, le Soleil & les autres Planettes accomplissent leurs mouuements, chacun acheuant sa periode en son temps & maniere.

Nous auons expliqué assez au long en nostre Cosmographie & Theorie des Planettes par quelle maniere & en quelle espace de temps lesdites Planettes font leurs reuolutions, selon leurs diuers mouuements; c'est pourquoy nous mettrons seulement icy le temps pendant lequel chacune desdites Planettes acheue par son moyen mouuement sa reuolution & periode. Nous disons donc que Saturne qui est le plus hault de tous accomplist sa reuolution presque en 30. ans, faisant chasque iour presque 2'.35''. Iupiter acheue sa periode quasi en 12. ans, faisant chasque iour enuiron 4'.59''.15'''. Mars accomplit sa reuolution presque en 2. ans, faisant chacun iour enuiron 31'.26''.38'''. Le Soleil, comme aussi Venus & Mercure, font leur reuolution en 365. iours 5. heures 44'.16''. le mouuement iournel d'vn chacun estant presque 59'.8''.20'''. La Lune accomplist sa reuolution en 27. iours presque 8. heures, faisant par chacun iour peu plus de 13.d. 10'.35''. Au milieu de l'espace du Zodiaque le Soleil fait son cours,& par iceluy est descrite l'Ecliptique. Les autres Planettes forlignent du cours du Soleil,& se meuuent de part & d'autre de l'Ecliptique : Et à cause de ce forlignement ou desuoyement d'icelles Planettes,les anciens ont attribué au Zodiaque 12.degrez de largeur. Les plus recents & modernes,à cause des euagations de Mars,& principalement de Venus luy ont adiousté 2.degrez de part & d'autre,afin que toute sa largeur soit determinée par 16.degrez. Mais l'Ecliptique seule est pourtraicte és Globes,& est diuisée en 360.degrez,comme les autres cercles. Le Soleil par son mouuement parcourt icelle en vn an,faisant chasque iour par son moyen mouuement presque vn degré,c'est à dire 59'.8''. Il trauerse deux fois l'Equateur,& de là il s'en va de costé & d'autre par égale interualle. Lors qu'estant constitué au commencement du Belier & de la Balance,il passe par l'Equateur,& les Equinoxes se fõt,& le iour est égal à la nuict : Mais s'estant retiré le plus loing qu'il peut de l'Equateur,& attaint le commencemẽt de Cancer & de Capricorne,le Solstice se fait,& le plus court iour de l'année qui s'appelle Bruma. Ie sçay que Vitruue, Pline,Theon Alexandrin,Censorin & Collumelle en pensent tout autremẽt,lors qu'ils enseignent que les Equinoxes se font,le Soleil parcourant le 8. degré d'Aries & de Libra,& que le Solstice & la Brume se font lors que le Soleil occupe le 8. degré de Cancer & de Capricorne. Car ils ont deffiny les Solstices par le rebroussement ou retour en arriere des vmbres gnomoniques. Aussi n'apperçoit-on pas que l'vmbre se jette en arriere (comme Theon enseigne) deuant que le Soleil ait attaint le 8. degré de Cancer ou de Capricorne. D'icy aussi ils ont attribué les Equinoxes au 8. degré d'Aries & de Libra.

Or le Zodiaque & Ecliptique a plusieurs & diuers offices: Car premierement c'est la regle & mesure du propre mouuement des Planettes. 2. Par son moyen sont trouuez les vrays lieux des Estoilles fixes, & en quel signe & degrez de l'Ecliptique est quelconque Planette ou Estoille fixe. 3. Elle monstre les latitudes des Planettes & Estoilles fixes, estant le terme duquel elles sont contees tout ainsi que l'Equateur termine les declinaisons. 4. Elle diuise tout le ciel en deux hemisphères, desquels celuy qui est entre l'Ecliptique & le pole Boreal d'icelle est dict Septentrional: mais l'autre qui est entre ladite Ecliptique & son pole Austral, est dict Meridional. 5. L'obliquité de l'Ecliptique est la cause de l'inegalité des iours & des nuicts. 6. Soubs l'Ecliptique se font les Eclipses du Soleil & de la Lune: du Soleil, quand en la nouuelle Lune, icelle est soubs ladite Ecliptique: mais de la Lune, quand en la pleine, elle se trouue aussi soubs ladite Ecliptique: c'est pourquoy ceste ligne est appellee Ecliptique.

Année. Vne année est deffinie par l'espace duquel le Soleil parcourt le Zodiaque. Or l'année est de 365. iours, auec vn quart d'heure, vn peu moins. Car ceux qui recherchent exactement le temps de ce periode, le cerchent en vain, parce qu'il s'acheue en temps inégal. Il ŷ a eu grand debat touchant ce temps entre les anciens, qui n'est pas encore vuidé entre les recents & modernes. Philolaus Pythagoreus a constitué l'an de 365. iours. Tous les autres ont adiousté quelque chose à ce temps là. Harpalus l'a deffiny de 365. iours & demy. Democrite de 365. auec vn quart, & la 164. partie. Oenopides de 365. iours, & presque 9. heures. Meton Attique a constitué la quãtité de l'an de 365. iours 6. heures, & presque 19'. Apres luy, Calippus le reduisit à 365. iours ¼, lequel a esté suiuy d'Aristarchus Samien, & par Archimedes Syracusain. Iules Cesar a descrit suiuant leur opinion l'année ciuile, enseigné (dit Dion) par les Alexandrins, ayant pour Conseiller Sosigene Peripateticien, & grand Mathematic. Tous ceux-cy, excepté Philolaus, qui a erré en deffault, ont prescript la quantité de l'an plus grande qu'elle n'est au iuste. Car les plus exactes obseruations des Astronomes de tout temps, monstrent que la quantité de l'an est moindre que de 365. iours & vn quart. Il n'est pas bien facile d'expliquer de cõbien ceste espace excede la iuste quantité de l'an. Hipparchus, & apres luy Ptolomée, ont voulu oster la trois-centiesme partie d'vn iour, contre l'admonition de Iaques Christman, qui dit que l'an Tropique, selon l'aduis de Hipparque & Ptolomée, a 365. iours, auec vne trois-centiesme partie d'iceluy: Car ils le font moindre que 365. iours ¼. de la trois-centiesme partie d'vn iour, comme on peut voir dans Ptolomée l.3.c.2. comme aussi Christman remarque fort bien ailleurs. Ptolomée veut que ceste quantité de l'an soit iuste, perpetuelle & immuable: & les obseruations faites par Hipparchus, touchant le retour du cours inégal du Soleil ne luy pouuoient persuader le contraire. Mais les obseruations de ceux qui les ont suiuis, comparées auec celle de Hipparchus & de Ptolomée, prouuent le contraire. Albategnius oste la sixiesme partie d'vn iour. Les Indiens & Iuifs la cent vingtiesme partie. Les Perses la cent-quinziesme, selon l'opinion desquels Messalach & Albumasar ont escrit les tables du moyen mouuement du Soleil. Azaphius, Auarius & Arzahel ont dit que cest excés est de la cent-trente-sixiesme partie d'vn iour. Alphonse en oste la cent vingt-deuxiesme partie. Les autres la cent vingt-huictiesme. D'autres la cent-trentiesme. Ceux qui ont nouuellement restitué le Calendrier Romain tiennent qu'il faut oster presque la cent trente-troisiesme partie, estimants qu'en 400. ans il y a 3. iours entiers de surcroist. Copernic trouue qu'en ce temps manque la cent quinziesme partie d'vn iour. Censorin dit donc fort bien qu'vn an contient 365. iours, auec ie ne sçay quelle portion qui est encore incogneuë aux Astrologues.

Par ces choses Dion est conuaincu d'vn erreur du tout ridicule, lequel estimoit qu'en l'espace de 1461. ans Iuliens, vn iour entier manquoit à la iuste quantité de l'an, lequel selon son iugement on deuoit adiouster, afin que l'an ciuil Iulian fust d'accord & conueint aux reuolutions Solaires. Galien ce grand Prince des Medecins a failli encore plus lourdement, pensant qu'vn an est de 365. iours $\frac{1}{4}$. & presque vne centiéme partie, d'où vient qu'à chasque centiesme année ensuiuroit vne nouuelle intercalation d'vn iour entier.

Il est à notter qu'il y a de deux sortes d'annees, sçauoir Lunaires & Solaires, lesquelles nous auons expliquees en nostre Cosmographie, & neãtmoins nous repeterõs icy que l'an Solaire est de deux sortes, l'vn Astronomique, & l'autre politique & ciuil. L'an Astronomique a encore deux differences, l'vn estant Stellaire, & l'autre Solsticial, ou Equinoctial. L'an Stellaire est l'espace de temps pendant lequel le Soleil retourne aupres de quelque Estoille fixe, d'où il estoit party, ce qui aduient en 365. iours, 6. heures, & 9'. 26''. 43'''. $\frac{1}{2}$. Le Solsticial est l'espace de temps que le Soleil met à parcourir tout le Zodiaque, & reuient au poinct d'vn mesme Solstice ou Equinoxe, d'où il estoit party, ce qui se fait en 365. iours & 5. heures 48'. 45''. selon Thycobrahé. Mais les annees ciuilles & politiques sont celles par lesquelles chasque natiõ exprime les temps passez ou futurs, la grandeur & quantité desquelles est diuerse entre les nations : car les vnes font chasque annee de 365. iours, & d'autres la font de 365. iours 6. heures : tellement qu'ils content 3. annees de su-

te chacune de 365. iours, & la quatriesme de 366. iours, qu'on appelle annee Intercalaire ou Bissextille.

Mutation des Equinoxes & Solstices.

Or d'autant que l'an Iulien (lequel estant institué par Iules Cesar, & depuis sa mort receu, est auiourd'huy en vsage) obtient vne quantité quelque peu plus grande qu'elle n'est au iuste, aduiẽt que les Equinoxes & Solstices ont changé les lieux & places qu'ils auoient anciennement és Calendriers. Enuiron l'an 432. deuant l'Incarnation de Iesus-Christ, l'Equinoxe Printaniere obseruée par Meton & Euctemon, se trouuoit au huictiesme de deuant les Calendes d'Auril, ou au 25. Mars, selon le compte de l'an Iulien. En l'an 146. deuant l'Incarnation, selon les obseruations d'Hipparque, ladite Equinoxe semble estre referée au 24. dudit mois, ou au 9. de deuant les Calendes. D'icy appert l'erreur de Sosigenes grand Mathematicien, lequel plus de cent ans apres Hipparque a constitué en l'ordination du Calendrier Iulian le mesme Equinoxe au 25. Mars ou 8. de deuant les Calendes d'Auril, lequel lieu il deuoit auoir occupé pres de 400. ans deuant le temps dudit Sosigenes. Et ceste sienne erreur s'est aussi espanduë aux posterieurs, d'où vient qu'au temps de Galien (peu moins de 200. ans apres Iules Cesar) selon Theodore Gaze, les Equinoxes auoient coustume d'estre marquées enuiron les vingtquatriesmes iours des mois Romains (sçauoir de Mars & de Septembre.) L'an de l'Incarnation de Iesus-Christ, l'Equinoxe a esté fait le 10. de deuant les Calendes ou 23. Mars. L'an 140. apres l'Incarnation, Ptolomée l'a obserué le 11. de deuant les Calendes. Au temps du Concile de Nice, enuiron l'an de nostre Seigneur 328. l'Equinoxe est arresté au 21. de Mars, ou au douziesme de deuant les Calendes d'Auril. L'an 831. apres l'Incarnation, Thebit Benchorah obserua l'Equinoxe vernale au 17. de Mars. Au temps d'Alphragan il estoit arresté au 16. de Mars. Arzahel Espagnol en l'an 1090. l'a obserué aux Ides de Mars, ou au 15. du mesme mois. Il a esté obserué l'an 1316. au 13. de Mars. De nostre temps il est venu iusques à l'vnziesme & dixiesme du mesme mois : tellemẽt qu'en l'espace d'enuiron 1022. ans lesdites Equinoxes ont deuancé leurs anciennes places, non moins de 14. iours. Le temps du Solstice obserué par Meton & Euctemon enuiron l'an 388. deuant la Natiuité de nostre Seigneur, conuient au 18. de Iuin, comme enseignent Ioseph Scaliger & Iacques Christman. Mais en nostre temps ledit Solstice se trouue au douziesme du mesme mois.

Les Colures des Solstices & des Equinoxes.

Il y a encores deux cercles majeurs, qui s'appellent *Collures*, lesquels couppent l'Ecliptique & l'Equateur : L'vn & l'autre d'iceux passe par les poles du monde, & couppe à angles droicts l'Equateur. L'vn passe par les poincts de l'vne & l'autre intersection, & s'appelle *Colure des Equinoxes* : L'autre passe par les poincts de la plus grande distãce du Soleil à l'Equateur, & se nomme *Colure des Solstices*.

Iceux Collures ont plusieurs offices : car premierement ils monstrent au Zodiaque les quatre poincts principaux, sçauoir est ♈, ♋, ♎, ♑, esquels nous aduiennent les plus grandes mutations des temps, causees par le mouuement du Soleil, comme le Printemps, l'Esté, l'Automne, & l'Hyuer : d'où aduient qu'iceux Collures couppent non seulement tout le Zodiaque esdicts quatre poincts en quatre quartes qui correspondent ausdictes quatre saisons de l'annee, mais aussi l'Equateur & toute la Sphere en quatre parties égales. 2. Le Collure des Solstices monstre les deux poincts des Solstices, sçauoir les commencemens de ♋, & ♑, par lesquels poincts il diuise le Zodiaque en deux semicercles, desquels celuy qui s'estend depuis le commencement de ♑, par ♈, iusques à la fin de ♊, est appellé Ascen-

dant,& l'autre demy cercle compris depuis le commencement de ♋, par ♎, iusques à la fin de ♐, s'appelle Descendant,& ce en nostre hemisphere Boreale. 3. Le mesme Collure distingue les 12. signes du Zodiaque en deux classes: en la premiere sont contenus six signes, sçauoir ♋,♌,♍,♎,♏,♐, lesquels s'appellent, signes ascendant droictement en la sphere oblique Boreale: En la deuxiesme classe sont compris les six autres signes ♑,♒, ♓,♈,♉,♊, qui s'appellent signes ascendans obliquement, ainsi qu'il est exposé plus au long en la quatriesme partie de ce traicté ch.7. 4. Par ce mesme Collure est mesuré tant la plus grande declinaison ou esloignement du Soleil à l'Equateur, que la distance des poles du Zodiaque aux poles du monde. 5. Le Collure des Equinoxes monstre les deux poincts des Equinoxes, sçauoir le commencement de ♈,& de ♎, esquels deux poincts il couppe l'Ecliptique en deux semicercles, desquels l'vn tend vers Septentrion,& l'autre vers Midy.

Ceux qui ont le plus diligemment speculé les mouuemens celestes, ont facilement remarqué que l'vn & l'autre *Collure*, comme aussi les poincts des Equinoxes sont esloignez des lieux & places qu'anciennement ils tenoient au ciel, soit que les Estoilles fixes ayent fait quelque progrés & auancement, selon l'ordre & suitte des signes, comme il a pleu à Ptolomée, ou que les poincts des Equinoxes & Solstices soient rebroussez, & retirez en arriere contre l'ordre des signes du Zodiaque, comme a voulu Copernic. La premiere Estoille d'Aries, laquelle au temps de Meton Attique estoit en la mesme intersection vernale, au temps de Thales Milesius precedoit par 2. degr. la mesme intersectiõ. Au temps de Timochares elle suiuoit de 2. degrez 24'. Au temps d'Hipparque de 4. deg. 5'. Au temps de Ptolomée de 6. degrez 40'. Au temps d'Albumasar de 17. deg. 50'. Au temps d'Albateguius de 18. deg. 10'. Au temps d'Arzahel de 19. deg. 37'. Au temps d'Alphon

se de 23.deg.48'. Au temps de Copernic & Rhetič 27.deg.21'. D'icy on peut recognoistre l'erreur de François Barocius,qui estime que la premiere Estoille du Belier estoit au temps de la Natiuité de Iesus-Christ,en l'intersection vernale,veu mesmemẽt qu'il se veut ayder des obseruations de Ptolomée,desquelles toutesfois on recueille qu'elle en estoit arriere nõ moins de 5.degrez. En la mesme maniere sont changez les lieux & places des Solstices,parce qu'ils sont tousiours esloignez des poincts des Equinoxes d'vne égale espace. Ptolomée,& deuant luy Hipparque,& tous ceux qui l'ont suiuy,confessent que ceste motiõ se fait sur les poles de l'Ecliptique. C'est pourquoy la largeur des Estoilles fixes demeure tousiours vne mesme,mais les declinaisons se changent. Plusieurs tesmoignages de cecy se peuuent tirer de l'Almageste de Ptolomée l.7.ch.3. I'en mettray vn remarquable entre les autres du ch.7. l.1. de la Geographie de Ptolomée : Il est tres-certain que l'Estoille que nous appelons Polaire, qui est en l'extremité de la queuë de l'Ourse mineur, de nostre temps est à grand' peine esloignée du pole par 3.degrez. Toutesfois Marin dãs Ptolomée enseigne qu'au temps d'Hipparque elle estoit esloignée de plus de 12.degrez. Ie mettray icy le lieu tout entier. *En la zone torride tout le Zodiaque est porté sur elle ; c'est pourquoy les vmbres y sont jettées de costé & d'autre,& tous les astres s'y leuent & couchent. La seule Ourse mineur commence à paroistre toute sur la terre és lieux plus Septentrionaux de 500. stades,que n'est la ville d'Ocele. Car le parallele qui passe par Ocele est distant de l'Equateur de 11. degrez &* $\frac{2}{5}$*. Mais Hipparque enseigne que l'Estoille la plus australle de l'Ourse mineur, derniere en la mesme queuë, est distante du pole de 12.degrez* $\frac{2}{5}$. Les interpretes ont vilainemẽt gasté ce beau passage en le traduisant mal,
(ce

(ce que P. Nonius apres Iean Vverner a aussi remarqué) mettant 500. stades pour *cinq mille*, & tres-Boreal au lieu de *tres-austral*, s'estans peut-estre trompez, à cause que de nostre temps elle est tres-Boreale. S'ils ont pour suspect ce qu'en ont dit Marin & Ptolomée, Strabon l. 2. de la Geographie leur ostera ce scrupule, il escrit ainsi : *Hipparque donc dit que ceux qui habitent au parallel de Cinnamifere (qui est distant de Meroé vers Midy de 3000 stades, & derechef l'Equinoctial est distant d'iceluy parallel de 8800. stades) sont fort peu esloignez de la scituation qui tient le milieu entre l'Equateur & le Tropique estiual, lequel passe par Syene (laquelle est distante de Meroé par 5000. stades) & iceux sont les premiers, ausquels toute la petite Ourse enclose dans le cercle Artique ne se couche iamais: car l'Estoille reluisante, qui est en l'extremité de la queuë (laquelle est la plus australle) est posée en iceluy cercle de telle sorte qu'elle touche l'horison.* Ces choses sont rapportées par Strabon à mesme fin que Ptolomée & Marin, sinon qu'au dire d'Eratosthenes, tant icy qu'ailleurs, il attribuë tousiours à vn degré en la terre 700. stades, combien que Marin & Ptolomée en facent seulement conuenir 500. dequoy nous parlerons cy apres.

Suiuent maintenant les cercles mineurs marquez és Globes : Iceux sont tous parallels à l'Equateur. Il y a premierement les tropiques, lesquels sont descrits par les poincts de la plus grande declinaison de l'Ecliptique, de part & d'autre de l'Equateur. Celuy qui est vers Septentrion s'appelle *Tropique de Cancer*: celuy qui est vers Midy est appellé *Tropique de Capricorne*: Car le Soleil parcourant l'Ecliptique par le mouuement annuel, lors qu'il est paruenu au terme de la plus grande distance de l'Equateur, il recule ou retourne vers ledit Equateur : Les Grecs appellent ce reculement & retour τροπὴν, & les cercles parallels tirez

Tropiques de Cancer & Capricorne.

par les commencemẽs de la retrocession, ils les nomment *Tropiques*. Il est facile à voir par les obseruations, tant des anciens, que des plus modernes, que ceste distance des tropiques à l'Equateur est changée diuersement. Car afin que nous ne parlions point de Strabon, Proclus & Leontius Mechanicus, lesquels ont mis la distance de chasque Tropique à l'Equateur de 24. degrez, (car ils ne semblent pas en auoir traicté assez exactement) la mesme chose se pourra voir & descouurir par les diligentes & plus exactes obseruations des plus grands Astronomes. Ptolomée a trouué la distãce de l'vn ou l'autre des Tropiques à l'Equateur de 23. deg. 51'. $\frac{1}{3}$, telle que deuant luy l'auoient trouué Eratosthenes & Hipparque : c'est pourquoy il l'a estimée immuable. Mahometes Aretensis a obserué ceste distance de 23. deg. 35'. comme auoit fait deuant luy Almamon Roy des Arabes. Arzahel Espagnol de 23. deg. 34'. Almeon fils d'Albumasar de 23. deg. 33'. $\frac{1}{2}$. Prophatius Iuif de 23. deg. 32'. Purbache & Regiomonté de 23. deg. 28'. Iean Vvernere de 23. deg. 28'. $\frac{1}{2}$. Copernic de 23. deg. 28'. $\frac{1}{3}$.

Mutatiõs de la decl. du Soleil.

Nous auons enseigné en nostre Cosmographie la maniere d'obseruer tant l'entrée du Soleil és poincts des Equinoxes & Solstices que la distance des Tropiques à l'Equateur : c'est pourquoy ceux qui voudront donner lieu à la mutation desdits Tropiques y pourront auoir recours.

Or les Tropiques ont quelques offices. Car premierement ils enferment la voye du Soleil, estans comme les limites qui enuironnent au ciel vne region, dans laquelle le Soleil se meust perpetuellement sans en sortir. 2. Ils monstrent aussi en la sphere oblique quand & combien le Soleil s'approche & recule le plus qu'il peut de nostre Zenith. 3. Ils separent au ciel la zone torride des deux temperées.

Par vne telle distance de l'vn & l'autre pole, qu'e

celle des Tropiques à l'Equateur sont descrits &marquez deux cercles mineurs,qui ont pris leurs noms des poles desquels ils s'approchent: tellement que l'vn s'appelle le *cercle Artique* ou *Boreal*,& l'autre qui luy est opposé est dit *Antartique* ou *Austral*. En ces cercles les poles de l'Ecliptique sont scituez & assis,là où le Colure des Solstices les entrecouppe. Strabon, Procle,Cleomedes entre les Grecs,& quelques Latins,n'attribuent pas vne certaine distance des poles à ces cercles:ils la font variable,selon la diuerse esleuation de pole ou inclinatiō de la sphere: tellemēt qu'ils s'imaginent l'vn d'eux estre descrit de l'interuale,qui est entre le pole apparent & l'horison;& iceluy cercle sera le plus grād des parallels qui paroissent tousiours: l'autre estre descrit d'égale distance depuis le pole inferieur,& est le plus grand des cercles qui n'apparoissent iamais. *Les cercles artiques & antartiques.*

Les cercles Artiques & Antartiques monstrent les poles du Zodiaque,& determinent la distance d'iceux aux poles du monde: ils distinguent aussi les zones frigides des temperées.

Outre ces cercles exprimez és Globes,les cercles qu'on appelle *Verticaux* sont fort familiers,& mis souuent en vsage par les obseruateurs des choses celestes: ceux-cy sont cercles majeurs,qui sont conduits & tirez depuis le sommet iusques à l'horison. Les Arabes les appellent cercles *Azimuth*,lequel nom ils retiennent aussi communément. Vn quart de cercle de letō diuisé en 90. parties fera l'office desdits cercles Verticaux en l'vsage des Globes. Ce quart de cercle doibt estre ioinct au zenith de chasque lieu,lors qu'il en sera de besoin,afin que le terme de 90. degrez touche l'horison par tout. Il est fait mobile,afin de pouuoir estre affigé au Zenith de chasque lieu: on l'appelle quart de haulteur. *Cercles verticaux. Quart de haulteur.*

CHAP. III.

De la Sphere parallele, droicte & oblique.

LEs autheurs nous ont laissé par escrit trois scituations de la Sphere ou Globe, selon la diuerse habitude ou scituation de l'Equateur, au regard de l'horison, (car ou il est parallel d'iceluy, ou il le couppe, & ce à angles droicts ou obliques.) La premiere est de ceux sur le sommet desquels est l'vn ou l'autre pole, car à iceux l'equateur & l'horison sont parallels, ou plustost constituent vn mesme cercle. La seconde est de ceux desquels le zenith est soubs l'equateur. La troisiesme conuient à tous les autres lieux. On a accoustumé d'appeller la premiere scituation *Sphere parallele*, la seconde *Sphere droicte*, & la troisiesme *Sphere oblique*. La premiere & seconde position est simple, la troisiesme est de diuerses sortes, selon la diuerse latitude des lieux. Les affections de toutes ces scituations sont telles.

Sphere parallele, droicte, oblique.

Accidens de la Sphere parallele.

En la Sphere parallele on ne voit pas pendant vne reuolution iournaliere leuer ny coucher le Soleil, ny les Estoilles, ny plus haultes, ny plus basses. D'auantage, puis que le Soleil parcoure le Zodiaque par son mouuement annuel, lequel l'equateur diuise en deux parties égales, l'vne desquelles s'incline vers Septention, & l'autre vers Midy, il s'ensuit que le Soleil parcourant les signes qui sont plus proches du pole vertical, il ne se plonge iamais soubs l'horison, & partant il fait le iour artificiel perpetuel, cependant qu'il passe ces signes, qui est l'espace de 6. mois plus ou moins. Au contraire, pendant qu'il passe par tous les signes les plus esloignez du pole apparant, il fait la nuict continuelle par vn espace égal plus ou moins. Mais lors que le Soleil aura atteint l'equateur, il sera porté par la reuolution iournaliere, en ſorte qu'il n'apparoiſtra totallement ſur l'horiſon, & ne ſera pas auſſi du tout caché, mais il en paroiſtra quaſi moitié, & le reſte ſera caché.

Affectiōs de la Sphere droicte. Les affections de la Sphere droicte ſont telles: Tous les aſtres s'y couchent & leuent en temps égal, ils ſe voyent ſur l'horiſon, & ſe cachent eſtant plongez deſſoubs l'horiſon: Les iours artificiels y ſont perpetuellement égaux aux nuicts.

Les choſes qui conuiennent à la Sphere oblique Ces choſes arriuent à la Sphere oblique: Les iours y ſont plus grāds, plus court, & égaux aux nuicts. Quād le Soleil eſt conſtitué és poincts Equinoctiaux (ce que nous auons dit aduenir deux fois en la reuolution annuelle) les iours ſont égaux aux nuicts. Lors que le Soleil s'approche de l'equateur vers le pole apparant, les iours s'augmentent, & les nuicts diminuent iuſques à ce qu'il ait atteint le tropique, auquel lieu eſtant conſtitué, il fait les plus longs iours, & les plus courtes nuicts. Lors que de l'equateur il s'aduance vers le pole caché, il fait les nuicts plus grandes que les iours, iuſques à ce qu'il ait atteint le tropique plus voiſin du pole caché, là où il fait les plus grandes nuicts, & les plus courts iours. Il y a certaines Eſtoilles qui ne s'y couchent iamais, ſçauoir celles encloſes au dedans du parallel qui eſt deſcrit à l'interualle du pole manifeſte à l'horiſon. Il y en a d'autres qui ne s'y leuent iamais, ſçauoir celles compriſes au parallel égal vers le pole caché. Ces parallels ſont ceux leſquels (comme nous auons dit) les Grecs, & quelques Latins appellent cercle artique & antartique, l'vn qui eſt touſiours apparant, & l'autre touſiours caché. Tous les autres aſtres leſquels ne ſont contenus en ces parallels, ont leur leuer, & pareillement leur coucher. Ceux qui ſont entre l'equateur & le parallel tousiours apparant, sont plus long temps à passer l'hemisphere superieur que l'inferieur. Au contraire, ceux qui sont fort proches du parallel tousiours caché, sont plus long temps au-dessoubs de l'horison, qu'ils ne sont au-dessus. De toutes ces proprietez & accidens, en voicy la cause. Le Soleil estant constitué en l'equateur (cõme aussi toute autre Estoille qui pourroit estre) emporté du mouuement iournallier, descrit le cercle equinoctial : mais estant hors l'equateur, il descrit vn parallel grand ou petit, selon la diuerse quantité de la declinaison du Soleil ou Estoille à l'equateur. En la Sphere droicte, l'horison couppe à angles droicts tous ces parallels, & aussi ledit equateur. Car puis que les poles du monde sont constituez en l'horison, & le sommet en l'equateur, il s'ensuit que l'horison couppe droictement l'equateur, parce qu'il passe par les poles ; en-apres parce qu'il couppe l'equateur à angles droicts, il couppera aussi droictement tous les cercles parallels à iceluy equateur, & par ainsi il diuisera chacun d'iceux en deux portions égales. Or la portion éminente sur l'horison de tous parallels (comme aussi de l'equateur) estant égale à celle qui est cachée, il est necessaire qu'en tẽps égal, le Soleil & toutes les Estoilles parcourent par la reuolution diurne, la portion éminente, & celle qui est cachée. C'est pourquoy tous les iours sont égaux aux nuicts, & tous les astres demeurent 12. heures en l'hemisphere superieur, & autant en l'inferieur. Mais en la Sphere oblique, toutes ces choses arriuent diuerses, parce qu'vn pole est esleué sur l'horisõ, & l'autre est déprimé. Car puisque l'horison ne passe pas par les poles de l'equateur, il ne couppera pas les parallels en mesme raison qu'il entrecouppe l'equateur, mais le plus grand segment de ceux qui sont les plus proches du pole qui paroist, est éminent, & le plus petit est caché. Le moindre ſegment de ceux qui ſont les plus proches du pole caché apparoiſt,& le plus grand eſt caché : le ſeul equateur eſt couppé en deux ; tellemẽt que la partie qui ſe voit eſt égale à la cachée. De là ſe fait qu'en toute poſition de la Sphere oblique, le Soleil eſtãt conſtitué en l'equateur, les iours ſont égaux aux nuicts. Quant il s'approche du pole manifeſte, les iours s'augmentent, pource que l'arc majeur apparoiſt. Lors qu'il s'aduance vers le pole caché, les nuicts ſont plus grandes que les iours, parce que le plus grãd ſegment du parallel eſt caché ſoubs l'horiſon. Et tant plus l'vn ou l'autre pole eſt eſleué, tant plus grands deuiennent les iours d'Eſté, & pareillement les nuicts d'Hyuer.

Chap. IV.

Des zones ou ceintures.

Les quatre cercles mineurs parallels à l'equateur diuiſent toute la terre en cinq parties. Les Grecs les ont appellé *Zones*. Et ce nom a eu tel credit chez les Latins qu'ils l'ont auſſi retenu, combien qu'ils ſe ſeruent encore pour la meſme choſe du mot *plaga*. Les Grecs ont quelquesfois attribué ce nom *de zones* (hors noſtre inſtitut) aux orbes des Planettes, comme Theon Alexandrin és Commentaires ſur Aratus. *Il y a ſept zones au ciel, leſquelles ne touchent aucunement le Zodiac, la premiere deſquelles eſt obtenuë par Saturne, la ſeconde par Iupiter, &c.*

Les anciens Phiſiciens & Geographes ont eſtimé que des cinq zones de la terre, il y en auoit *trois intemperées* & inhabitées : l'vne pour la trop grande & perpetuelle chaleur du Soleil, laquelle à ceſte occaſion on a nommé *Torride* (on tient qu'elle eſt terminée de part & d'autre par les tropiques) : les autres à cauſe du

Trois zones intemperées.

Vne Torride.

froid, parce qu'elles sont fort esloignées des rayons du Soleil, n'ont peu estre habitées; l'vne desquelles est contenuë entierement dans le cercle artique, l'autre dans l'antartique. Les deux autres Zones sont tenuës pour temperées & habitables : l'vne d'icelles est terminée par le cercle artique, & par le tropique boreal, l'autre par l'antartique & tropique austral. Ceste opinion du nombre & limites des zones, receuë & admise chez les anciens, a neantmoins trouué entre les plus anciens ses oppugnateurs.

Deux frigides.

Deux temperées.

Parmenides a porté la zone qu'on nomme *aduste*, beaucoup pardelà les deux tropiques : tellement qu'il l'a quasi fait double à celle determinée par les Tropiques. Posidonius le reprend, parce qu'il auoit cogneu que plus de la moitié de son espace, qui est contenu entre l'equateur & nostre tropique d'Esté estoit habité. Aristote a terminé la zone torride par les tropiques, les temperées par les tropiques & cercles artique & antartique; lequel Posidonius reprend aussi, pource qu'il a constitué les cercles artiques, lesquels les Grecs ont fait muables, pour termes des zones. Polybe a dit y auoir six zones, diuisant l'aduste, determinée par les tropiques en deux par l'equateur. D'autres poussez par l'authorité d'Eratosthenes admettent encore souz l'equateur vne certaine petite zone temperée, & propre à estre habitée, l'aduis desquels a esté suiuy par Auicenne Arabe. Quelques plus recents, conduits par ie ne sçay quelle raison (iceux sont Nicolas Lyra, Thomas d'Acquin, & Campanus) n'ont fait aucune doubte de poser soubs l'equateur le Paradis terrestre, celebré au commencement de Genese. Eratosthenes & Polybe ont estimé que la zone entiere, que les autres ont pensé estre aduste & bruslée, fut temperée.

Posidonius a esté contraire à l'opinion receuë des anciens Phisiciens, pource qu'il sçauoit que la ville de Syene, scituée soubs nostre tropique d'Esté, & l'Ethiopie, qui luy est interieure, estoit habitée, aux sommets desquels le Soleil s'arreste plus long temps que aux sommets de ceux qui sont soubs l'equateur. D'où il conclud que les lieux scituez soubs l'equateur ne sont pas inhabitez, puis que ceux qui sõt souz le tropique ne sont pas sans habitans. Ptolomée l.2.c.6. de l'Almag. estime que ce qu'on rapporte des habitatiõs de dessoubs l'equateur, est plustost vne coniecture qu'vne vraye histoire. Mais en la Geographie l.5.ch. dernier, il nous a descrit bien loing pardelà l'equinoctial vne region ou Prouince d'Ethiopie nommée Agisymbe, (quelques recents & modernes, mais contre la foy qu'on doibt adiouster à Ptolomée, ont fait ceste region plus boreale que l'equateur.) Ceste inconstance de Ptolomée a donné occasion à quelques vns de soupçonner que ces deux œuures ne sont pas d'vn mesme Ptolomée.

Si l'authorité de Polybe & d'Erathostenes, & la raison de Posidoine, ne peuuent persuader que ce qui est excogité par les anciens, touchant les zones intemperées, est faux : les nauigations qui se font iournellement par les Portugais, & ceux de nostre pays, prouueront que non seulement la zone, qui est appellée torride par les plus anciens, est remplie d'habitãs : mais aussi que ce qui est dedans le cercle artique, iusques bien plus auant que le septantiesme degré, distãt de l'equateur est tout habité : tellement qu'en nostre temps il n'y a plus lieu de doubte, si ce n'est que quelqu'vn ayme mieux errer auec l'antiquité, que de s'accorder auec la nouueauté approuuée & tesmoignée par l'experience.

CHAP. V.

Des Amphisciens, Heterosciens, & Perisciens.

ON a distingué les habitans de ces zones en *Amphisciens, Heterosciens, & Perisciens,* selon la diuersité des vmbres. Ceux qui habitent entre les deux tropiques, s'appellent *Amphisciens,* pour-autant que leurs vmbres Meridiennes se jettent ores vers Midy, (sçauoir est quand le Soleil est plus Septentrional que leurs zenits) & tantost vers Septentrion, (qui est lors que le Soleil est plus Meridional que leurs sommets.)

Amphisciens.

Ceux qui habitent entre les Tropiques & le cercle artique, s'appellent *Heterosciens*, pource que les vmbres Meridiens sont jettées seulemẽt ou vers Midy ou vers Septentrion. Car le Soleil ne paruient iamais à vn poinct plus Septentrional que nostre tropique d'Esté, ny ne s'aduance iamais vers Midy, outre le tropique d'Hyuer. C'est pourquoy ceux qui sont plus Septentrionaux que le tropique d'Esté iettent tousiours leurs vmbres vers Septentrion: & ceux qui sont plus Meridionaux que le tropique d'Hyuer, enuoyent tousiours leurs vmbres Meridiennes vers Midy.

Heterosciens.

Ceux qui demeurent dedans le cercle artique ou antartique vers les poles s'appellent *Perisciens,* pource que les gnomons iettent leurs vmbres en rond, veu que le Soleil est porté sur l'horison par vne entiere reuolution iournaliere.

Perisciẽs

CHAP. VI.

Des Periæces, Antæces, & Antipodes.

LEs anciens Geographes ayant égard à vn mesme Meridien, ou à vn mesme ou égal parallel de diuers costez de l'equateur, ont distingué ceux qui habitent les zones temperées, de telle sorte qu'ils ont adiousté à chasque habitation de ces zones, trois autres differentes, les habitans desquelles ont esté par eux nommez *Periœciens, Antœciens, & Antipodiens.*

Les Periœciens sont ceux qui habitent soubs vn mesme Meridien, & mesme parallel, également esloignez de l'Equateur, mais és poincts opposez d'iceluy. *Periœciēs*

Les Antœciens sont ceux qui demeurent soubs vn mesme Meridien, & parallels égaux, également distās de part & d'autre d'vn mesme poinct de l'equinoctial. *Antœciēs*

Les Antipodiēs (qui sont aussi appelez Antichthoniens) sont ceux qui habitent soubs vn mesme Meridien les parties opposites d'égal parallel, & esloignez également des poincts opposites d'iceluy, ou bien qui habitent les parties de la terre diametrallement opposites. *Antipodiens.*

Parquoy nos Periœgues sont Antœciens à nos Antipodiens: nos Antœciens sont Periœciens à nos Antipodiens; & nos Periœciens sont Antipodiens à nos Antœciens.

Nous auons beaucoup de choses communes auec nos Periœciens: Nous habitōs en mesme temperature: Nous auons l'Hyuer, l'Esté, mesme accroissement de iours & de nuicts, & en mesme temps. Il y a cecy de different, que quand nous auons midy, nos Periœques ont minuict. Ceux qui ont encore mis ce different, sçauoir que lors que nous auons le Soleil leuant, ils ont le Soleil couchant, & au contraire, nous ont fait participans de leurs erreurs. Car ainsi il aduiendroit que lors que nous auons les plus longs iours, ils auroient les plus courts, chose qui est fort esloignée de la verité. Ils ont commis mesme erreur, escriuant que les Antœciens ont le Soleil leuant & couchant à mesme heure que nous. Peut estre que la cause de leur erreur vient de ce qu'ils nous ont donné le mesme horiſon qu'aux Antœciens & Periœciens,ſinon que nous habitons l'hemiſphere ſuperieur,& eux l'inferieur : faute indigne d'vn homme mediocrement verſé en l'Aſtronomie. Nous auons cela de commun auec nos Antœciens, ſçauoir le midy & la minuict. Ces choſes ſont diuerſes : les ſaiſons de l'an ſont chãgées,noſtre Eſté eſt leur Hyuer,le plus long de nos iours eſt le plus court des leurs,nous habitons en diuerſes zones temperées. Nous auons toutes choſes contraires auec nos Antipodiens,les iours,les nuicts, leurs commencements & fins,& auſſi les ſaiſons de l'année. Car lors que le Soleil nous donne l'Eſté & le plus grand iour,il leur donne l'Hyuer & les plus grandes nuicts. Quand le Soleil ſe leue icy,il ſe couche là, & au contraire : Car nous habitons en l'hemiſphere ſuperieur,& eux en l'inferieur du meſme horiſon.

CHAP. VII.
Des climats & parallels.

SElon la diuerſe quantité des plus grands iours,les Geographes ont diuiſé toute la rondeur de la terre de part & d'autre de l'equateur,iuſques aux poles en *climats & parallels*. Ils appellent *climat* vn eſpace de terre compris entre deux lieux,deſquels les plus grands iours ſont differents entr'eux d'vne demy heure. Ils appellent *parallel* vn eſpace de terre,auquel les plus grands iours ſe ſurpaſſent d'vn quart d'heure : tellement que chaſque climat comprend deux parallels. Or les climats,comme auſſi les parallels,ſont inégaux d'eſpace. Car le premier climat(& auſſi le premier parallel) eſt plus grand que le ſecond,le ſecond plus grãd que le troiſieſme. Ils conuiennent en cecy,qu'ils obtiennent égales differences des plus grands iours. Les

Climat. *Parallel.*

plus anciens nombroient ſept climats,d'autres en ont adiouſté deux : tellement que ſelon ceux-là viennent quatorze parallels,& dix-huict ſelon ceux-cy. Ptolomée compte vingt-quatre parallels par quart d'heures,quatre par heures entieres,& ſix par mois entiers: d'où vient qu'outre l'equateur ſe font trente-huict parallels de part & d'autre.

Au Meridien materiel de ces Globes ſont marquez neuf climats,diſtans entr'eux par demy heures. En-apres ſont marquez plus auant les differences des iours,par heures entieres,& plus outre encore de là iuſques au pole Septentrional,par mois entiers,chacun ſelon ſa latitude. La table ſuiuante monſtrera les latitudes de chaſque climat & parallel depuis l'equateur,les diſtances de l'vn à l'autre,& les longueurs des plus longs iours.

	Climats.	Parallels.	Les plus grãds iours d'Eſté.		Latitude.		Diſtance des climats	
			H.	M.	D.	M.	D.	M.
Amphiſciens.	0	0	12	0	0	0	4	18
		1	12	15	4	18		
	1	2	12	30	8	34	8	25
		3	12	45	12	43		
	2	4	13	0	16	43	7	50
		5	13	15	20	33		
	3	6	13	30	23	10	7	3
		7	13	45	27	36		

	Climats.	Parallels.	Les plus grāds iours d'Esté.		Latitude.		Distance des climats	
			H.	D.	D.	M.	D.	M.
Heterosciens.	4	8	14	0	30	47	6	9
		9	14	15	33	45		
	5	10	14	30	36	30	5	17
		11	14	45	39	2		
	6	12	15	0	41	22	4	30
		13	15	15	43	32		
	7	14	15	30	45	29	3	48
		15	15	45	47	20		
	8	16	16	0	49	1	3	13
		17	16	15	50	33		
	9	18	16	30	51	58	2	44
		19	16	45	53	17		
	10	20	17	0	54	29	2	17
		21	17	15	55	34		
	11	22	17	30	56	37	2	0
		23	17	45	57	34		

Heterofciens.

Climats.	Parallels.	Les plus grãds iours d'Esté. H.	M.	Latitude. D.	M.	Distance des climats D.	M.
12	24	18	0	58	26	1	40
	25	18	15	59	14		
13	26	18	30	59	59	1	26
	27	18	45	60	40		
14	28	19	0	61	18	1	13
	29	19	15	61	53		
15	30	19	30	62	25	1	1
	31	19	45	62	54		
16	32	20	0	63	22	0	52
	33	20	15	63	46		
17	34	20	30	64	6	0	44
	35	20	45	64	30		
18	36	21	0	69	49	0	36
	37	21	15	65	6		
19	38	21	30	65	21	0	29
	39	21	45	65	35		

	Climats.	Parallels.	Les plus grāds iours d'Esté. H. M.		Latitude. D. M.		Distance des climats D. M.	
Heterosciens.	20	40	22	0	65	47	0	22
		41	22	15	65	57		
	21	42	22	30	66	6	0	17
		43	22	45	66	14		
	22	44	23	0	66	20	0	11
		45	23	15	66	25		
	23	46	23	30	66	28	0	5
		47	23	45	66	30		
	24	48	24	0	66	31	0	0

	Mois		
Perisciens.	1	67	15
	2	69	30
	3	73	20
	4	78	20
	5	74	0
	6	90	0

SECONDE PARTIE.

Chapitre premier.

Des choſes qui ſont propres & particulieres au Globe celeſte, & premierement des Planettes.

IVſques icy nous auons parlé des choſes qui ſont communes aux deux Globes, ſuiuent celles qui ſont propres & particulieres à chacun, & premierement celles du celeſte, comme ſont les Eſtoilles reduites & figurées ſelon leurs aſteriſmes & conſtellations.

Ceux qui ont les premiers obſerué attentiuement les mouuemens des choſes celeſtes, ont trouué qu'il y a deux ſortes d'Eſtoilles luiſantes au ciel. La premiere eſt des Planettes, la ſeconde des Eſtoilles fixes. Ils les ont appellé Planettes ou errantes, parce qu'elles n'obtiennent pas touſiours meſme ſituation ou poſition entr'elles, ny à celles qu'on appelle fixes. Or que les Eſtoilles fixes tiennent touſiours meſme ſituation entr'elles, Ptol. l. 7. ch. 1. de l'Almag. conferant ſes obſeruations auec celles d'Hypparque, l'a prouué par pluſieurs exemples.

Outre les deux luminaires (ie dis le Soleil & la Lune) on compte cinq Planettes. Icelles outre le mouuement iournel, par lequel elles ſont portées d'Oriẽt en Occident par le rauissement du premier mobile, ont encore chacune vn libre & propre mouuement, par lequel elles sont portées au contraire d'Occidēt vers Orient, selon la suitte & succession des signes sur les poles du Zodiaque, lequel mouuement elles acheuent chacune en son temps, & en sa façon. L'ordre & periode de leurs mouuements est tel.

Saturne (Iulle Higine l'appelle Estoille du Soleil) est le plus hault des Planettes, & est porté à l'entour de la terre, en vn plus grand cercle que les autres Planettes : toutesfois ce n'est pas de là qu'on doibt tirer consequence (comme a fait Pline) que ce Planette est veu moindre que les autres. Il acheue sa periode en 29 ans 5. mois 15. iours, ainsi que dit Alfragan.

Iupiter parcourt le Zodiaque en 11. ans 10. mois, & presque 16. iours.

Mars (que quelques-vns appellent l'Astre de Hercule) fait son cours en 2. ans.

Le Soleil fait son cours en vn an, c'est à dire en 365. iours, & vn peu moins de la quatriesme partie d'vn iour.

Venus, laquelle les vns ont appellé l'astre de Iunon, les autres de la Deesse Isis, autres de la mere des Dieux : quand elle se leue au matin deuant le Soleil, les Latins l'appellent Lucifer, & les François l'Estoille du iour ; car cōme vn autre Soleil elle fait haster le iour : Quand elle suit le Soleil desia couché, & qu'elle donne lumiere comme vn autre Lune, les Latins l'appellent Vesper, & les François l'Estoille du soir. Pythagoras Samius a esté le premier qui a trouué sa nature enuiron l'Olympiade 32. comme tesmoigne Pline l. 2. ch. 8. elle parfaict son cours en vn an, & ne s'esloigne iamais du Soleil (comme dit Timeus) plus loin de 46. degrez. Les modernes Astronomes sont beaucoup plus liberaux, affermans qu'elle ne ſe deſpart iamais du Soleil de deux ſignes, ou de 60. degrez.

Mercure, appellé par quelques-vns Aſtre d'Apollon, parcourt auſſi en vn an le Zodiaque : & ſelon Timeus & Soſigenes, ne s'eſloigne iamais du Soleil par plus de 25. degrez : ſelon les modernes il ne s'eſloigne pas de l'interualle d'vn ſigne, ou de 30. parties.

La Lune, la plus baſſe des Planettes, acheue ſa periode en 27. iours 8. heures peu moins. Endymion que l'on dit auoir eſté épris de ſon amour, a eſté le premier (dit Pline) qui a deſcouuert ſes diuerſes figures, (ſçauoir que quelquesfois elle ſemble courbée en corne, quelquesfois diuiſée par égale portion, quelquesfois repliée en rond, vne autrefois entierement ronde, & autresfois elle ne paroiſt nullement) & toutes les autres diuerſitez de ceſt aſtre.

Toutes les Planettes ſont portées en des orbes eccentriques à la terre, c'eſt à dire ſur des orbes qui ont des autres centres que celuy de la terre. Les demy-diametres de ces orbes là, comparez au ſemy-diametre de la terre, ont ceſte raiſon.

De telles meſures qu'vne faict le diametre de la terre, le diamet. de l'orbe de		en contiendra	
	☉		48. 56'.
	☿		116. 3'.
	♀		641. 45'.
	✱		1165. 21'.
	♂		5032. 4'.
	♃		11611. 31'.
	♄		17225. 16'.

Les excentricites des orbes comparées aux meſmes orbes, ont ceſte raiſon.

De telles meſures que le ſemydiametre du deferant en contient 60. l'excentricité de (*Maurolic ſelon Alphonſe*)		en contiendra	
	☉		12. 28'. 30''.
	☿		2.
	♀		1. 8'.
	✱		2. 16'. 6''.
	♂		6.
	♃		2. 45'.
	♄		3. 25'.

On trouue que les excentricitez de quelques Planettes (principalement du Soleil) sont diminuez depuis le temps de Ptolomée. L'excentricité de la Lune a esté deffinie par Ptolomée de 12.deg.30'. Par Alfonse de 12.deg.28' $\frac{1}{2}$. Ptolomée attribuë à Venus 1.deg. 15'. d'excentricité. Alfonce 1. deg. 8'. Ptolomée, suiuant ses obseruations, & celles d'Hipparque, donne à l'excentricité du Soleil 2.deg. 30'. Alfonce 2.deg. 18'. & 6''. En l'année 1312. elle a esté trouuée de 2.deg. 2'. 18''. Copernic a trouué qu'elle estoit encore diminuée plus outre 1. deg. 56'. 11''. de sorte que pour cecy l'Illustre Iule Scaliger n'a pas raison d'estimer que les escrits de Copernic meritent d'estre effacez auec vne esponge, & que l'autheur soit digne du foüet, qui est vne censure trop inique contre iceluy Copernic.

Puis que nostre autheur a rapporté les proportions cy-dessus selon qu'elles sont contenuës en l'appendice de la Cosmographie de Maurolic, nous auons estimé n'estre hors de propos de rapporter encore icy les suiuantes, combien qu'elles soient desia en nostre Cosmographie.

Le diametre de	♄	*est au diametre de la terre, comme*	9	*est à*	2.
	♃		32		7.
	♂		7		6.
	✱		11		2.
	♀		3		10.
	☿		1		28.
	☉		5		17.

Le diametre du Soleil est au diametre de la Lune, comme 94. à 5.

La grandeur & solidité de	♄	*est à la grandeur de la terre, comme*	729	*à*	8.
	♃		32768		343.
	♂		343		216.
	✱		1331		8.
	♀		27		1000.
	☿		1		21952.
	☉		125		4913.

La grandeur du Soleil est à celle de la Lune, comme 830584. à 125.

Or diuisant le plus grand terme de la raison par le moindre prouiendra ce qu'vne quantité contient l'autre. Comme pour exemple, voulant sçauoir combien le Soleil contient en soy la terre, ie diuise 1331. par 8. (qui sont les termes de leur raison) & viennent 166 $\frac{3}{8}$, qui demonstrent que la grandeur du Soleil contient autant de fois celle de la terre.

Iusques à present nous auons parlé des Planettes: Elles sont traittées plus au long par Ptolomée, Copernic, & ceux qui ont escrit les Theories des Planettes: D'en traitter plus au long, c'est chose qui ne conuient à nostre dessein, d'autant qu'on ne les sçauroit peindre sur le Globe, à cause de leurs mouuements, vagues & erratiques. Ces choses soient dites en passant.

CHAP. II.

Des Estoilles fixes, & de leurs formes & figures.

SViuent cy apres les Estoilles fixes, exprimées par leurs Asterismes, ou formes, & constellations. Pline les appelle signes & astres. Les autheurs ne sont pas d'accord touchant le nombre de ces constellations, pareillement de leurs figures & noms, comme aussi du nombre des Estoilles, qui sont attribuez à chacunes. Pline l.2.c.41. cognoist le nombre de 72. signes. Ptolomée, Alfragan, & la pluspart de ceux qui sont venus depuis, comptent 48. constellations: les autres en adioustent vne ou deux, sçauoir est le Cincinne, ou cheuelure de Berenice & Antinous. Germanicus Cæsar & Festus Auienne Rufus, suiuans Aratus en font encore moins. Iule Higin en a constitué 42. Il conioint le serpent auec Ophiuche: Il laisse en arriere le Cheualet: Il ne met pas la Balance au nombre des signes : Il diuise le Scorpion en deux, ce que font aussi plusieurs autres : Il ne met pas en ses constellations le Corbeau, la beste feroce, & la couronne Australle ; il en fait seulement quelque mention en passant. Ptolomée & son deuancier Hipparque, & plusieurs autres qui les ont suiuy, font paroistre le Taureau seulement à moitié. Vitruue, Pline, & deuant eux Nicander (comme dit Theon, commentateur d'Aratus) veulent qu'il paroisse tout entier, & posent les Pleiades en sa queüe. Touchant le nombre des Estoilles, qu'on attribuë à chasque image, plusieurs ne s'accordent auec Ptolomée, entre autres Iule Higine, le commentateur de Germanicus (soit qu'iceluy soit Bassus, comme Philander l'appelle, soit que ses commentaires ayent esté escrits par Germanicus mesme, ou de Lactance, comme quelqu'vns veulent) quelquesfois aussi Theon és commentaires d'Aratus, & vne fois ou deux Alfragan, luy repugnent. Si tu cherche raison pour laquelle ces constellations sont ainsi nommées, autre que celle prise de la forme & figure que la position des Estoilles exprime & represente en quelque façon, lis Bassus & Higine qui traictent amplement ce subject, conformément aux fables des Grecs. Pline nous enseigne que Hipparchus a esté le premier qui a donné à la posterité les noms, grãdeurs, & les lieux des Estoilles. Mais deuant Hipparque, Thimochares, Aratus & Eudoxe ont vsé des mesmes noms : Car Hipparque n'est pas plus ancien que Aratus, comme veut Theon. L'vn a flory l'an 420. dés le commencement des Olympiades, comme on peut facilement voir par sa vie escrite par vn autheur Grec. Et Hipparque a vescu apres l'an 600. du commencement des Olympiades, comme ses obseruations mises en lumiere par Ptolomée peuuent tesmoigner, sans parler des commentaires publiez soubs le nom d'Hiparque, sur les Phenomenes d'Eudoxe & d'Aratus. Car quelques-vns estiment qu'ils ont esté escrits par Eratosthenes, qui a vescu deuant le temps d'Hipparque. Pline l.2.c.41. dit qu'il faut nombrer les Estoilles fixes effectuantes, iusques au nombre de 1600. Ie n'ay peu encore cognoistre sur l'authorité de quels autheurs il s'appuyoit, veu que Ptolomée n'en a compté en tout que 1022. en comptant mesme celles qu'on appelle Sporades, vagues, & hors formes, lesquelles, selon la grandeur, splendeur & clarté, il a distribué en six ordres : tellement qu'il y en a quinze de la premiere grandeur, 45. de la seconde, 208. de la tierce, 474. de la quatriesme, 217. de la quinte, & 49. de la sixiesme, ausquelles il faut adiouster 9. obscures, & 5. nebuleuses. Tu les pourras toutes voir despeintes au Globe celeste, chacunes exprimées par leurs images & grandeurs, y estants adioints les noms par lesquels les Grecs & Latins les nomment, auec aussi quelques noms des Arabes.

Or tout ainsi qu'au chapitre precedent nous auons rapporté de Maurolic, les raisons que les diametres des Planettes ont au diametre de la terre, & aussi celles qu'ont les grandeurs & soliditez d'icelles Planettes, à la grandeur & solidité de ladite masse terrestre : ainsi aussi rapporterons-nous icy du mesme Maurolic les raisons qu'ont les diametres des Estoilles fixes de chasque grandeur au diametre de la terre, & pareillement celles que leurs soliditez ont à la solidité de ladite terre.

Le diametre des Estoilles de la grandeur		*est au diametre de la terre, comme*	
	1		19. à 4.
	2		265. à 60.
	3		25. à 6.
	4		19. à 5.
	5		119. à 36.
	6		21. à 8.

	1		6859.	à 64.
La solidité des	2	*est à la grã-*	19465109.	à 216000.
Estoilles de la	3	*deur & so-*	15625.	à 216.
grandeur	4	*lidité de la*	6859.	à 125.
	5	*terre, com-*	1685159.	à 46656.
	6	*me*	9261.	à 512.

Or nous compterons toutes ces constellations selon leur ordre, adioustant les appellations Arabiques, prinses en partie d'Alfragan, en partie des commentaires de Scaliger sur Manile, & des annotations de Grotius sur les images d'Aratus, & principalement selon ce que Iacques Christman en a escrit & recueilly d'vn Epitome Arabique de l'Almageste de Ptolomée. Ceux qui en desirent vn traicté plus ample, qu'ils lisent les 7. & 8. liures de l'Almag. de Ptolom. Qu'ils voyent aussi les reuolutions celestes de Copernic, & les tables Prutenic d'Erasme Reinolt, là où chasques Estoilles sont nombrées, estant adiousté à chacune sa longitude, latitude & grandeur. Mais est à notter que Copernic & Erasme Reinold comptent les longitudes des Estoilles depuis la premiere Estoille d'Aries. Et Ptolomée depuis l'intersection de l'Equateur & de l'Ecliptique. Car Victorin Strigele aduertit mal que Ptol. nombre aussi les longitudes des Estoilles fixes, depuis la premiere d'Aries.

CHAP. III.

Les constellations de l'hemisphere Septentrionnal.

1. L'Ourse mineur : Elle est appellée par les Arabes *Aldub Alasgar*, c'est à dire petite Ourse, & *Alrucaba*, qui signifie vn chariot. Ce nom toutesfois est attribué à la derniere Estoille qu'elle a en la queuë, laquelle de nostre temps est nommée l'Estoille polaire, parce que

elle eſt trés-proche du pole. Les deux ſuiuantes en ſa queuë ſont appellées par les Grecs *χορευταὶ*, comme qui diroit iouantes. Alfragan enſeigne que les deux plus luiſantes en la partie anterieure du corps, s'appellent par les Arabes *Alferkatan*. Il nombre 7. Eſtoilles, & vne qui eſt aupres d'elle hors forme. Thales a trouué le premier ceſte conſtellation, & l'a appellé chien, comme enſeigne Theon Scholiaſte d'Aratus.

2. L'Ourſe majeur. En Arabe *dub Alacher*. L'Eſtoille, qui eſt la premiere au dos, & la ſeizieſme en nombre, s'appelle *κατ' ἐξοχὴν dub*. Et celle qui eſt és flancs, dix-ſeptieſme en nombre, eſt appellée *Mirae*, ou pluſtoſt ſelon Scaliger *Mizart*, qui ſignifie le lieu de la ceinture. Celle qui eſt la premiere en la queuë, & la vingt-cinquieſme en nombre eſt appellée *Aliore* par les Alfonſins, & *Aliath* par Scaliger. Theon eſcrit que ceſt Aſteriſme & conſtellation a eſté trouué par Nauplius. Elle a 27. Eſtoilles. Theon luy en donne 24. Les Grecs (comme teſmoigne Aratus) ont appellé toutes ces deux Ourſes *ἅμαξαν*, c'eſt à dire chariot. Mais les ſept plus luiſantes de l'Ourſe majeur, leſquelles forment la figure d'vn chariot, s'appellent proprement *ἅμαξα*. Les Arabes les appellent *Beneth as*, c'eſt à dire filles de la lictiere, comme Chriſtman enſeigne: quelqu'vns liſent par corruption *Benenas*, & la mettent en l'extremité de la queuë; & d'autres liſent *Benethaſch*, qu'ils diſent ſignifier fils de l'Ourſe. Les Grecs ont obſerué l'Ourſe majeur en leurs nauigations, d'où vient que Homere, comme on voit en Theon, les a appellé *ἑλικῶπας*, (*comme qui diroit obſeruateurs de l'Ourſe*) car les Grecs appellent la grande Ourſe *ἑλίκην*, (*comme qui diroit tournoyante*). Les Pheniciens en leurs nauigations viſoient à la petite Ourſe, comme teſmoigne Aratus.

3. Le dragon. Les Arabes l'appellent *Atanin*, & le plus souuent *Aben*. Scaliger lit *Taben*. D'où vient qu'il appelle la cinquiesme en nombre, qui est en la teste, *Rastaben*, que l'on dit vulgairement *Rasaben*. On attribuë à ceste constellation 31. Estoilles.

4. Cepheus *Alredaf*. On attribuë à iceluy 11. Estoilles, outre les deux qui sont hors forme pres l'ornemẽt de la teste, desquelles celle qui est la quatriesme en nombre, s'appelle *Alderaimin*, c'est à dire le bras droit. Les Arabes appellent aussi ceste constellation *Phicares*, qu'on interprete porte-flamme, le tirant par-aduanture du mot Grec πυρκαεύς.

5. Bootes, ainsi nommé par les Grecs, & aussi par les Latins, combien qu'ils se seruent encore du nom *Bubulcus*, qui signifie Bouuier. Mais les Arabes, comme si les grecs auoient escrit βοωτὴς, qui signifie clamateur ou crieur, l'ont appellé *Alhaua*, c'est à dire crieur ou proclamateur. Ils l'appellent aussi *Alsamech alramech*, c'est à dire lancier, ou porte-lance. Entre ses iambes on voit reluire vne Estoille hors forme de la premiere grandeur, que les grecs & Latins appellent *Arcturus*, & les Arabes *Alramech*, ou bien Estoille tres-luisante, *Somech haromach*. Theon la pose au milieu de la ceinture. Ceste image a 22. Estoilles.

6. La couronne Boreale: les Arabes l'appellent *Aclilaschemali*. La reluisante, qui est en la partie par laquelle la couronne est soluble, & premiere en nombre est dicte *Alphecca*, c'est à dire solution: elle est aussi dicte *Munir*, qui est vn nom commun à toutes les Estoilles qui reluisent. Elle a 8. Estoilles.

7. Hercules, *Alcheti halerechabatch*, c'est à dire tombant sur son genou, & simplement *Alcheti*: car il est semblable à vn homme qui trauaille, ou qui est bien fatigué (comme dict Aratus) d'où vient que les La-

tins l'appellent *Nisus* ou *Nixus*, & les Grecs ἐν γόνασι, c'est à dire qui est agenoüillé. La premiere Estoille en nombre, qui est en la teste, est dicte *Rasalcheti*, & mal par les Alfonsins, *Rasaben*. Celle qui est la 4. est dicte *Marsic*, & mieux *Marfic*, c'est à dire surquoy on se repose, la partie du bras sur laquelle nous-nous appuyons. La huictiesme en nombre qui est la derniere des trois au bras est dicte *Mazim*, ou plustost *Maasim*. Ceste constellation a huict Estoilles, outre celle qui est en l'extremité du pied droict, commune à Bootes, & vne hors forme vers le bras droict.

8. La Lyre, *Schaliaf*, & *Alnakab*, c'est à dire tombant, sçauoir Vaultour. Selon Hipparque & Ptolomée elle a dix Estoilles. Timochares luy en donne huict, comme asseure Theon. Alfragan vnze. Celle qui reluit, premiere en nombre, est dicte *Vega*, par Alfonse.

9. La Poulle, le Cygne, *Aldigaga* & *Altair*, c'est à dire volant, sçauoir est Vaultour. On luy donne dix-sept Estoiles, outre les deux hors forme qui sont pres l'aisle gauche, desquelles la cinquiesme est appellée *Deneb adigege*, c'est à dire la queuë de la poulle, & particulierement *Arided*, qu'on interprete flairant, ou ayant odeur de lys.

10. Cassiopée, *Dhath Alcursi*, c'est à dire dame de la selle. Elle a treize Estoilles, la seconde desquelles est appellée par Alfonse *Scheder*, par Scaliger *Seder*, qui signifie la poictrine.

11. Persée, *Chamil Ras Algol*, c'est à dire portant la teste de Meduse. Car celle qu'on void au haut de la main gauche, est nommée par les Arabes *Ras Algol*, par les Hebrieux *Rosch hassatan*, qui signifie la teste du diable. On attribuë vingt-six Estoilles à ceste constellation, outre trois informes. Celle qui est la septiesme en nombre est appellée par Alfonse *Alchemb*,

pour *Alchenib*, ou comme veut Scaliger *Algeneb*, qui signifie le costé.

12. Le Chartier, qui est *Roha*, & est appellé *Memaßich Alhanam*, c'est à dire retenant la bride. Il a quatorze Estoilles : celle qui reluit en l'espaule senestre, troisiesme en nombre, se nomme Chevre, par les Arabes *Alhaiok*, selon Scaliger *Alatod*, qui signifie Bouc : Les deux qu'elle a en la main senestre, les huict & neufiesmes en nombre, s'appellent Chevreaux, selon Alfonse, *Suclateni*, selon Scaliger, *Sadateni*, c'est à dire suiuant le bras. Cleostrate Tenediē a esté le premier qui les a mis entre les astres.

13. L'Aigle, *Alhhakkab*, les plus recents l'appellent le Vaultour volant, ou bien *Altayr*, mais c'est contre l'opinion d'Alfragan, qui (comme nous auons dict) attribuë ce nom au Cygne. On luy attribuë neuf Estoilles, sans compter six informes, lesquelles l'Empereur Adrian voulut appeller du nom d'vn sien mignon nommé Antinous.

14. Le Daulphin, *Aldelphin*, a dix Estoilles.

15. La Fleche, *Alsoham*, se dict aussi *Isthusc*, que Grotius a estimé venir du Grec οἰςός. Elle a cinq Estoilles.

16. Serpentaire, *Alhava*, & *Hasalangue*, elle a vingtquatre Estoilles, & cinq hors forme. Or la premiere est dicte Rasalangue.

17. Le Serpent, *Alhafa*. Il a dix-huict Estoilles.

18. Le petit Cheual, *Kataat*, *Alfaras*, c'est à dire sectiō du cheual. Il a quatre Estoilles obscures.

19. Pegase, *Alfaras alathem*, c'est à dire le grand cheual, a dix Estoilles. Son espaule droicte est dicte *Almenkeb*, & la mesme la troisiesme en nombre est dicte *Seat Alfaras*, le bras du cheual ; & celle qui est en l'ouuerture de la bouche, dix-septiesme en nombre, s'appelle *Enif Alfaras*, qui signifie le nez du cheual.

20. Andromede, *Almara Almasulsela*, c'est à dire femme enchaisnée. Alfragan l'appelle vne femme qui n'a point eu compagnie d'homme. On nombre vingt-trois Estoilles en ceste constellation. Celle qui est aux brayes, & la douziesme en nombre s'appelle vulgairement *Mirach*, selon Scaliger *Mizar*. Celle qui est la quinziesme s'appelle *Alamac*, ou plustost *Almaac*, qui signifie brodequin ou chaussure.

21. Le triangle, *Almutaleth* & *Mutlethun*, qui signifie triplicité. Il a quatre Estoilles.

Chap. IV.

Les signes Septentrionnaux du Zodiaque.

1. LE Belier, *Alhamel*, a selon Ptolomée 13. Estoilles, selon Alfragan 12. outre cinq hors forme.

2. Le Taureau, *Altor*, ou *Ataur*. Celle qui reluit en son œil est appellée par les Romains *Palilicium*, par les Arabes *Aldebaram*, comme qui diroit Estoille fort reluisante. Ils l'appellent aussi *hain Altor*, c'est à dire œil du Taureau. Mais les cinq qui se voyent en son front, sont appellées *hyades* par les Grecs, & *succulæ* par les Latins. Theon & Hero Mechanicus veulent qu'elles soient ainsi appellées, pource qu'elles obtiennent la figure de Y, mais par-auenture plustost pource qu'elles causent les pluyes. Thales Milesius a dit qu'il y auoit deux Hyades, l'vne Boreale, l'autre Australle. Euripide a dit qu'il y en auoit 3. Acheus 4. Hippias & Pherecides 7. Or les six, ou plustost sept qui se voyẽt au dos du Taureau, sont appellées par les Grecs *Pleiades*, (peut-estre à cause de leur multitude,) par les Latins *Vergiliæ*, par les Arabes *Atauria*, quasi comme qui diroit Estoilles du Taureau. Nicander, & apres luy Vitruue & Pline, les ont mis en la queuë du Taureau.

Hipparque les a posées hors le Taureau au pied gauche de Persée. Pline & Solin rapportent qu'elles ne se voyent iamais en l'Isle Taprobane: Chose à la verité fort ridicule, & digne non d'autre que de Pline & Solin: Car elles paroissent pres du Zenith de ceux qui demeurent en ladite Taprobane. Le Taureau a 33. Estoilles, sans nombrer 11. informes.

3. Les Gemeaux, *Algeuse*; les vns disent que ce sont Castor & Pollux, les autres Apollon & Hercule: d'où vient que l'vn est appellé par les Arabes *Auellar* pour *Aphellan*, l'autre *Abracaleus* pour *Iracleus*, comme dit Scaliger. Ce signe a 18. Estoilles (sans compter 7. qui sont hors forme) desquelles celle qui est en la teste s'appelle *Rasalgeuze*.

4. Le Cancre, *Alsartan*, outre 4. Estoilles qui sont informes, en a 9. desquelles celle qui est nebuleuse en la poictrine, & premiere en nombre, se nomme Mellef, qui signifie selon Scaliger espoisseur ou densité.

5. Le Lyon, *Alased*: l'Estoille qui paroist tres-luisante au cœur d'iceluy, huictiesme en nombre, s'appelle *Keleb alased*, c'est à dire cœur du Lyon: les Grecs la nommẽt Βασιλίσκος, parce que ceux qui naissent soubs elle, ont vne natiuité Royale, dit Procle: mais celle qui est en l'extremité de la queuë, & derniere en nombre, s'appelle *Deneb alased*, c'est à dire la queuë du Lyon, & par Alfragã elle est dite *Asumpha*. Ce signe a 27. Estoilles, & 8. informes. Des informes qui sont entre les extremitez du Lyon & de l'Ourse majeur, comme il plaist à Ptolomée, on a formé vne nouuelle constellation nommée *la cheuelure*, (Theon suiuant Aratus attribuë ceste constellation à la Vierge). Le Mathematicien Conon, en faueur du Roy Ptolomée, & de Berenice, l'a appellé *la cheueleure de Berenice*, & le poëte Callimachus l'a fort recommandé par ses vers.

6. La Vierge, *Eladari*, le plus souuent on l'appelle *Sunbalu*, qui signifie espy de bled. L'Estoille qui est au hault de sa main gauche s'appelle espy, & par les Arabes *Hazimeth albacel*, qui signifie vne poignée ou iauelle de bled. Vitruue & Higin luy mettent mal à propos vn espy en la main droicte. La Vierge a 26. Estoilles, sans nombrer six informes.

Chap. V.

Les effigies ou figures de l'hemisphere Austral, & premierement celles qui sont au Zodiaque.

7. La Balance, *Almizan*, de laquelle l'escuelle Meridionalle est appellée *Mizan aliemin*, c'est à dire la Balance droicte, ou la Meridionale. Les anciens ne comptoient pas la Balance entre les signes du Zodiac: Mais ceux qui ont esté depuis, ayant retranché du Scorpion ces bras ou ongles fourchus de deuant, les ont attribué à la Balance. Elle a 8. Estoilles, outre 9. qui sont hors le signe.

8. Le Scorpion, vulgairemẽt *Alatrab*, & pour mieux dire *Alacrab* : d'où vient que celle qui est au cœur, huictiesme en nombre, est dicte *Kelebalacrab*, c'est à dire cœur du Scorpion. Mais celle qui est la seconde en l'extremité de la queuë, est dite *Leschat*, & mieux *Lesath*, qui signifie coup de veneurs; par ce nom est appellé l'aiguillon du Scorpion. Il est appellé *Schomlek*. Scaliger par transposition lit *Mesclek*, qui signifie le courbement ou arcuation de la queüe. Le Scorpion a 21. Estoilles, & trois hors la forme.

9. Le Sagitaire, *Elcusu* ou *Elcausu*, qui signifie arc. Il a 31. Estoilles.

10. Le Capricorne, *Algedi*. A iceluy on a donné 28. Estoilles, desquelles celle qui est la 23. est dicte *Deneb*

Algedi, c'est à dire queüe du Capricorne.
11. Le verseau, *Eldelu*, qui signifie vne seille. L'Estoille qui est la dixiesme en nombre, en l'extremité de la main, est appellée *Seat*, c'est à dire bras. En ce signe sont nombrées 42. Estoilles.
12. Les Poissons, *Alsemcha*. Ce signe a 34. Estoilles, & 4. informes.

CHAP. VI.
Les images de l'hemisphere Austral hors le Zodiac.

1. LA Baleine, nommée par les Arabes *Elkaitos*: on compte en icelle 22. Estoilles. La seconde d'icelles est appellée communément *Menkar*, & par Scaliger *Monkar Elkaitos*, c'est à dire le bec ou museau de la Baleine: La quatorziesme s'appelle *Baten Elkaitos*, qui est le ventre de la Baleine: La penultiesme, *Deneb Elkaitos*, c'est à dire la queüe de la Baleine.
2. Orion est appellé de quelques Arabes *Asugia*, c'est à dire hardi & furieux, lequel nom on accommode aussi à l'Hydre. Autres Arabes l'appellẽt *Elgeuze*, *Geuze*, qui est comme qui diroit en Latin *Iuglans*, qui signifie vne noix, faisant peut-estre allusion au mot Latin *Iugula*, duquel nom le Grammairien Festus appelle Orion, parce qu'il est plus grand que les autres constellatiõs, comme entre les noix celle que nous appellons simplement noix, & les Latins *Iuglans*, est plus grande que les autres. Or ce nom *Elgeuze* s'attribue aussi aux Iumeaux. Il est aussi appellé *Algibbar*, qui signifie fort ou geant. Il a 38. Estoilles, la seconde desquelles, qui est en l'espaulle droite, s'appelle *Ied Algeuze*, c'est à dire la main d'Orion, comme veut Christman, vulgairement *Bed Elgeuze*, peut estre *Bet Elgeuze*, qui est la

lucide d'Orion : la troisiesme en nombre est appellée par les Alfonsins *Bellatrix*. Celle qui est au pied gauche, trente-cinquinziesme en nombre, est dite *Rigel Algeuze*, ou *Algibbar*, qui signifie le pied d'Orion.

3. Eridanus, *Alvahar*, c'est à dire fleuue, dont quelqu'vns ont estimé que le Nar, fleuue de Toscane, est ainsi dit par abregement de sillabe. Il a 34. estoilles, la dix-neufiesme desquelles est vulgairement dicte *Angetenar*. Scaliger la nomme *Anchenetenar*, c'est à dire courbement ou tortuosité de fleuue. Et la vingtneufiesme est dicte *Beemim*, ou plustost *Theemim*, qui signifie estoilles iumelles & ioinctes ensemble : de sorte que l'on pourroit doubter si ce nom ne se pourroit pas appliquer à deux autres estoilles voisines ou contiguës l'vne à l'autre, en quelque lieu que ce fust. Or celle qui reluit en l'extremité d'icelle, derniere en nõbre, est dicte *Acharnahar*, comme qui diroit apres le fleuue, ou bien en la fin d'vn fleuue. Elle est vulgairement nommée *Acarnar*.

4. Le Liévre, *Alarnebet*, on y nombre 12. estoilles.

5. Le Chien, *Alcheleb alachbar*, c'est à dire le grand chien, & *Alsahare alicmalija*, c'est à dire le chien dextre ou Meridional. Or ce mot *Alsahare*, que Scaliger a changé en *Scera*, semble estre tiré par les Arabes du nom Grec ὑδροφοβίαν, qui signifie crainte d'eau, qui est vn accident ou maladie, dont les chiens enragez sont tourmentez. Grotius doubte si ce nom doibt point estre plustost *Elseiri*, comme venant du Grec σείριος. Car on appelle ainsi la plus reluisante estoille qui est en la bouche du Chien, laquelle les Arabes nomment *Gabbir* ou *Ecber*, & par corruption *Habor*. Il a 18. estoilles.

6. Procyon, Antecanis, parce qu'il se leue deuant le chien, *Alcheleb alasgar*, c'est à dire petit chien, & *Alsa-*

barc alſemalija, c'eſt à dire chien ſeneſtre ou Septentrio-nal ; communément par corruption *Algomeiza*. Il a 2. Eſtoilles.

7. Argo, le Nauire, *Alſephina* par les Arabes. Car *Sephina* ſignifie Nauire. Il eſt auſſi dict *Merkeb*, qui ſignifie vn chariot (ainſi les Poëtes Grecs prennent ἅρμα θαλάσσης, chariot de mer, pour vn Nauire.) Les Alphonſins appoſent ce nom à l'Eſtoille, qui eſt la ſixieſme en nombre. Ceſte conſtellation a 45. Eſtoilles, la penultieſme deſquelles eſt dicte *Sobel*, ou *Sybel*, c'eſt à dire peſant ou pondereux, peut eſtre à meſme intention que Baſſus l'appelle terreſtre, parce qu'elle ſemble eſtre fort baſſe, & pres de la terre. Elle eſt appellée par les Grecs Κάνωβος, par les Hebreux *Cheſil*, comme on voit en Chriſtman. Les habitans d'Azanie l'ont appellée Cheual, comme teſmoigne Ptolomée en ſa Geographie l. 7. c. 7.

8. Hydra, *Alſugahh* ou *Aſuia*, qui ſignifie fort ou furieux. Les Egyptiens l'ont appellé Nil, comme teſmoigne Theon és commentaires ſur Aratus. Ceſte conſtellation a 25. Eſtoilles, outre deux qui ſont hors la figure, la douzieſme deſquelles eſt appellée par les Alfonſins *Alphart*.

9. La Taſſe ou Cruche. *Albatina* & *Elkis*, qui ſignifie vne taſſe à boire. Elle a 7. Eſtoilles.

10. Le Corbeau, *Algorab*. Il a 7. Eſtoilles.

11. Le Centaure: il eſt appellé du meſme nom par les Arabes. Il a 37. Eſtoilles : Quelqu'vnes de celles qui ſont aux pieds de derriere repreſentent ceſte croix tant celebrée aux nauigations des Eſpagnols.

12. La beſte ſauuage, *Aſida*, qui eſt vne Lyonne, & *Alſubahh*, qui ſignifie vne beſte feroce, ou vn loup. On attribuë 19. Eſtoilles à ceſte conſtellation.

13. L'Autel ou encenſoir, *Almugamra*. Baſſus l'ap-

pelle Sacristie. Elle a 7. Estoilles.

14. La couronne Australle. *Ala clil algenubi*. Elle a 13. Estoilles reluisantes en vn collier ou reply doublé, comme dit Alfragan. Theon luy en donne 12.

15. Le poisson austral. *Ahaut algenubi*. Il a 12. Estoilles selon Ptolomée, & 11. selon Alfragan. Celle qui reluit en sa bouche s'appelle *Vhom ahaut*, c'est à dire la bouche du poisson, & vulgairement *Fomahant*.

Au Globe celeste est aussi descrite certaine ceinture, ayant quasi la couleur de laict, d'où on l'a appellé la voye lactée. Or est-il qu'elle n'est pas égalle & bien reglée, mais fort differente & diuerse en largeur, couleur, multitude d'Estoilles, & situations d'icelles: car en quelques endroits elle semble estre simple & vne, & en d'autres elle semble double & fourcheuë. Sa trainure ou contrée se voit exprimée au Globe, & descrite assez au long par Ptolomée au chap. 2. du 8. l. de son Almag.

Chap. VII.

Des Estoilles qui ne sont exprimées au Globe.

OVtre ces astres nombrez par Ptolomée s'en presentent plusieurs autres pour estre veus, principalement en hyuer & au serein de la nuict, & ceux qui se voyent apparoissent plus grands. Si tu en demande la cause, c'est hors nostre propos. Mais escartons-nous vn peu, principalement pource que quelqu'vns en recherchans la cause de cecy, s'en sont bien esloignez. Car il y en a lesquels (à cause du sçauoir & experience qu'ils ont és choses Phisiques & Optiques) veulent faire croire que par imagination ou erreur de veüe, l'on voit beaucoup plus d'Estoilles qu'il n'y en a au vray, ou (ce qui est autant digne de risée) que l'air plus subtil & plus pur en hyuer, fait paroistre les estoilles qui sont cachées en Esté, à cause que l'air est lors plus espoids & grossier. Et ie ne reprend pas tant cest erreur cy aux autres, que ie m'estonne principalement de ce que Iean Benedictis Mathematicien de grand renom s'est laissé emporter en cest erreur. Car la raison en est toute diuerse & du tout contraire. Car d'autant que l'air est plus gros & espois, d'autāt voit-on les choses plus grosses, & en plus grand nombre. La raison tirée de la congnoissance des Optiques le prouue, la veuë le iuge, l'experience l'enseigne, & l'authorité le persuade.

Ie laisse le iugement de cecy aux plus doctes: Seulement diray-ie en passant, qu'il est besoing d'vne mediocrité: car autrement il aduiendroit que lors que l'air est le plus grossier & espois, le Soleil & les Estoilles paroistroient tant plus grandes: Mais les plus ignorans sçauent que la trop grande espoisseur de l'air empesche le plus souuent qu'elles ne nous paroissent.

Strabon apres Posidonius enseigne conformément à ce qu'en escriuent les Opticiens, que les rayons rompus par vn milieu ou entre-deux plus gros, & espars cōme par quelques canaux, objectez à la veuë, font voir l'image ou semblance de la chose plus grosse qu'elle n'est au vray. Il n'y a homme en la commune populace qui ne sçache, que par le moyen des lunettes nous voyons les choses plus grosses & en plus grand nombre qu'on ne fait sans lunettes. On tient (dit Cleomedes) que le Soleil estant regardé du profond d'vn puits, paroist plus grand qu'estant regardé d'vn lieu hault & éminent, & ce à cause de l'humidité & espesseur de l'air de dedans le puits. S'il se pouuoit faire que l'on vist le Soleil à trauers des parois, & de quelques autres corps solides, il se monstreroit beaucoup plus grand, comme l'enseigne fort bien Posidonius. Strabon dit, que nous voyons le Soleil plus grãd au leuer & coucher, principalement en pleine mer. Nous disons qu'il apparoist plus grand, non pas toutesfois d'ecuple, comme le recueil des choses indiques, fait par Ctesius, nous veut faire accroire qu'il paroist autant plus grãd és Indes qu'aux autres lieux; & beaucoup moins que le centuple, comme Artemidore a dit, que le Soleil couchant paroist au dernier des promontoirs d'Espagne qu'on appelle *Sacrum*, en quoy Posidonius l'a repris bien à propos. Alfragan veut que la cause de cecy soit, parce que les vapeurs esleuées de la terre, interposées à la veuë & au Soleil leuant, nous monstrent le Soleil plus grand. Strabon & Cleomedes, suiuant Posidonius, donnent la mesme raison, laquelle n'est pas beaucoup esloignée de l'aduis des meilleurs Phisiciens.

On voit aussi en la partie australle du monde plusieurs Estoilles, desquelles nous n'auons eu aucune cognoissance, à cause qu'elles n'ont peu estre obseruées par les Astronomes de nostre hemisphere. Aussi de ces choses racontées, plusieurs nous sont incogneuës, combien qu'elles soient plus pres du pole boreal du monde. Touchant les Estoilles qui paroissent pres le pole austral du monde, prend ceste histoire vrayement admirable, laquelle François Patrice de Sienne a rapporté d'Americ Vespuce, en la fin du 15. l. de la nouuelle Philosophie. L'histoire est telle: *Le ciel est extremement bien orné de quelques Astres, lesquels nous ne cognoissons: Ceux que i'ay peu remarquer sont presque au nombre de 20. d'vne telle clarté que Venus & Iupiter chez nous.* En apres: *Ie les ay trouué estre d'vne plus grande magnitude que les hommes n'estiment: En premier lieu i'ay veu trois Canobes, deux claires au possible, la troisiesme obscu-*

re & dissemblable aux autres. Et incontinant: *Il y en a trois de celles qui enuironnent le pole, lesquelles font entr'elles la figure d'vn triangle rectangle, desquelles celle qui se voit au milieu a la circonference de 9. degrez $\frac{1}{2}$: & lors qu'elles commencent à paroistre, on voit du costé gauche vn Canobe blanchissant d'vne grandeur admirable.* Par-apres: *Elles sont suiuies de trois autres belles Estoilles, desquelles celle qui est au milieu a le diametre d'vne circonference de 12. degrez $\frac{1}{2}$: & au milieu d'icelles on voit vn autre Canobe blanc, suiuy de six autres belles Estoilles, lesquelles sont plus claires que toutes celles de la huictiesme sphere, desquelles celle du milieu en la superficie du firmament a le diametre de la circonference de 32. degrez: Ces astres sont accompagnez & suiuis d'vn grand Canobe, mais qui est noir. Toutes ces choses se voyent en la voye l'actée.* A ceste histoire est adiousté ce qui suit de Corsalius: *André Corsal escrit qu'il y a deux petites nuës assez grandes, tournans à l'entour du pole; & entr'elles il y a vne Estoille distante du pole d'enuiron 11. degrez, sur lesquelles il dit qu'on voit vne croix admirable entre 5. Estoilles qui l'enuironnent, auec d'autres qui tournent auec elle, loing du pole par 30. degrez; & ceste croix est de telle beauté, qu'il n'y a aucun signe qui luy puisse estre comparé.* Voila l'histoire admirable des Phenomenes de la partie du monde austral. Se peut-il faire que quelqu'vn oyant ces choses se tienne de rire? Vespuce nous a forgé 3. Canobes, Ptolomée, & aussi les anciens Grecs n'en n'ont cogneu qu'vn, qui est constitué au timon ou gouuernail du Nauire Argos. C'est aussi vne chose digne de remarque, que Patricius (selon que ie peux coniecturer de ses escrits) s'est formé vne certaine Estoille, ayant le diametre apparant de la grandeur de 32. d. & ce à cause que Vespuce ayant mal exprimé ses parolles, il les a aussi mal entenduës, veu que le diametre du Soleil n'atteint pas 32. minutes. Or ce que nous auons veu & remarqué, touchant ces Phenomenes du monde austral, en la nauigation qu'auons faite, outre l'Equinoctial, és années 1591. & 1592. est tel : Nous auons veu seulement trois Estoilles de la premiere grandeur, lesquelles nostre Angleterre ne voit pas. Ptolomée les a toutes veuës en Alexandrie : La premiere est au timon d'Argos, qu'on appelle Canope : La seconde, à l'extremité de l'Eridan : La troisiesme, au pied droict du Centaure. Si tu y adiouste vne quatriéme, laquelle se voit fort claire au genouil gauche du Centaure, ie ne te seray beaucoup contraire. En la partie australle du monde, on ne voit pas d'autres Estoilles de la premiere grandeur que celles cogneuës à Ptolomée, & à grand' peine en peut-on monstrer vne ou deux de la seconde grandeur. Car aucune partie de tout le ciel n'est pas ornée de plus petit nombre d'Estoilles, ou de moindre lumiere que celle qui est proche du pole austral. Nous auons veu les petites nues d'André Corsal, le diametre de l'vne estant quasi soubdouble ou soubtriple à l'autre, non differentes en couleur au cercle de laict, & non beaucoup esloignées du pole. Les Nautonniers de nostre pays auoient de coustume de les appeller les nues de Magellan. Ceste croix que Corsal appelle admirable, dite des Espagnols *Crusero*, & de ceux de nostre pays *Crosiers*, nous a esté manifestée. Ptolomée a veu les Estoilles desquelles elle est constituée, car ce sont les plus luisantes és pieds de derriere du Centaure. I'ay veu fort souuent & diligemment toutes ces choses, pource qu'il me souuenoit auoir leu en Cardan quelque chose semblable à ce que rapporte Patricius de l'admirable grandeur des Estoilles du monde Austral.

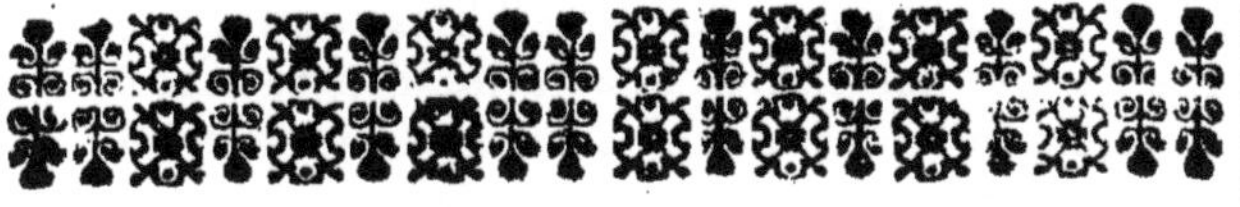

TROISIESME PARTIE.

Chapitre premier.

De la description Geographique du Globe terrestre, & des parties de la terre cogneuë.

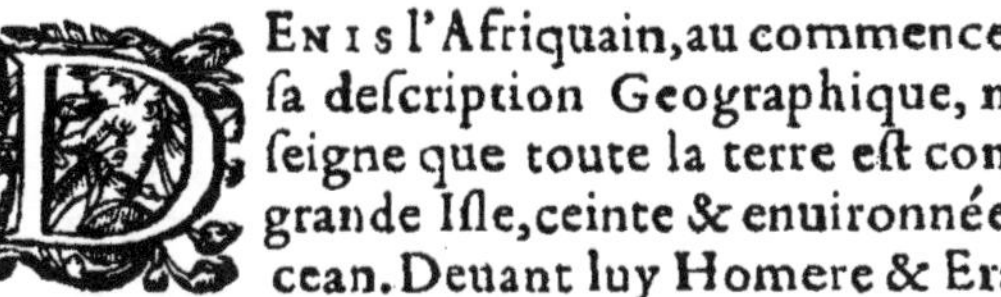

DENIS l'Afriquain, au commencement de sa description Geographique, nous enseigne que toute la terre est comme vne grande Isle, ceinte & enuironnée de l'Ocean. Deuant luy Homere & Eratosthenes en ont dict de mesme, comme enseigne Strabon, & apres luy Mela. Vers le Septentrion ils l'ont terminée par la mer glacialle, que Denis appelle Mer Saturnienne & Morte : vers l'Orient, par la mer Eoone ou Orientale, qui s'appelle aussi Serique : vers Midy, par la mer Rouge (Ptolomée l'appelle Indique) & Ethiopique : vers l'Occident, par la mer Atlantique. De cest Ocean quatre sinus ou goulfes principaux se coullent en la terre, selon les anciens Geographes. Du costé de Midy il y en a deux, lesquels sortent de la mer Erithrée, assauoir le sinus Persique & l'Arabique. Vers l'Occident vn autre qui sort de l'Ocean Atlantique, lequel s'appelle mer Mediterranée. Du costé de Septentrion est l'autre, qui sort de l'Ocean Scytique, qui se dict mer Caspie, lequel est entouré & enclos de plusieurs haultes & inaccessibles rochers, dõt aucuns fleuues descendent auec telle impetuosité & vehemence, qu'estants paruenus iusques aux precipices, ils iettent leurs eaux si loing dans la mer, sans mouiller aucunement le riuage, que le bord de la mer, comme s'il estoit couuert ou voulté d'vn fleuue, peust donner chemin & passage aux armées entieres, ainsi que Strabon tesmoigne par ce qu'en a dit Eudoxe. Strabon, Pline, Mela & Solin disent que la mer Caspie sort (comme nous auons dit) de l'Ocean Scythique. Mais Alexandre le Grand, & Pompeius apres luy, ont trouué leur erreur, outre que par nouuelle & approuuée experience on trouue aussi que son eau est doulce. Tout cecy a esté diuisé par quelques anciens en deux parties, Europe & Asie. Ceux qui les ont suiuy ont adiousté vne troisiesme partie, qu'on appelle Afrique, & quelquesfois Lybie. De ces trois, l'Asie est la plus grande, la Lybie apres, & l'Europe est la plus petite de toutes, selon Ptolomée liure 7. de la Geographie.

L'Europe, du costé d'Orient, par où elle est ajaceante à l'Asie, est terminée & bornée de la mer Egée, (qu'on appelle maintenant *Archipelague*) du pont Euxin, lequel Strate (ainsi que rapporte Strabon) a estimé auoir esté ceint & enuironné tout à l'entour de terre, en façon de Marais ou pallus, mais que l'innondation & accroissemẽt des fleuues luy a fait voye par force en la Propontide & en l'Helespont. Or le pont Euxin est maintenant appellé *Mare Magiore:* du Palud Meotide (on l'appelle *Mare delle Zabacche:*) du fleuue Tanay (vulgairement appellé *Don:*) & du Meridien, qui de là s'estend iusques à la mer Scythique ou glacialle. De tous les autres costez elle est baignée de la mer. Vers le Midy, le destroit de Gibraltar la separe *Europe.*

d'Afrique, & aussi vne partie de la mer Mediterranée. Strabon dit, que la longueur de ce destroit est de 120. stades. Pline en dit autant. Strabon luy donne 70. stades de largeur. Mela 10000. pas, c'est à dire 80. stades. Tite-Liue & Cor. Nepos disent que la plus grande largeur est de 10000. pas, ou 80 stades, la moindre de 7000. pas ou 56. stades. Mais que depuis Mellaria, bourg d'Espagne, iusques au Promontoir d'Afrique, qu'on appelle Blanc, il y a seulement 5000. pas, ou 40. stades, nombrez par Turranius Gyraccule, qui est nay pres de ce lieu là, au rapport de Pline, en la preface du liure troisiesme. Eratosthenes a pensé que iadis l'Europe estoit adjaceante à l'Afrique. Les habitans de ce lieu (dit Pline) ont receu par tradition les fables, qui disent que le destroit a esté fouy & persé par le trauail d'Hercule. Vers l'Occident l'Europe est finie & terminée par l'Ocean Atlantique; vers le Septentriō par la mer Britannique, Germanique & Glacialle.

Afrique. *L'Afrique* est separée d'auec l'Asie par le fleuue du Nil, & le Meridien tiré par le cours d'iceluy iusques à la mer Ethiopique. Mais Ptolomée ayme mieux qu'ils soient separez par le Sinus Arabique (qu'on appelle improprement mer Rouge,) & par le Meridien, qui de là est conduit & tiré à la mer Mediterranée par l'Isthme ou destroit qui les separe, & lequel fait tenir l'Egypte à l'Arabie & Iudée. Car il ne luy semble pas conuenable que l'Egypte soit desmembrée & distraite: de sorte qu'vne partie d'icelle soit attribuée à l'Afrique, & l'autre à l'Asie: ce qui aduiendroit si on pose le Nil pour borne. Cela ne semble pas à Strabon mal conuenable, pour-autant que la longueur de l'Isthme, qui separe les deux mers, n'est pas plus grand que 1000. stades. Et il semble qu'il ait bien dit, *qu'il n'est pas plus grand que 1000. stades*. Car encore que Pofidoine nombre vn peu moins de 1500. ſtades, Pline toutesfois ne la met pas de plus de 115000. pas, c'eſt à dire 920. ſtades. Le meſme Strabon a poſé de 900. ſtades la diſtance qui eſt depuis le Peluſe, iuſques à la ville d'Herous, ſituée au lieu du Sinus Arabique, le plus intime & reculé. Mais s'il faut croire à Plutarque, par où l'Iſthme eſt le plus eſtroit & ſerré, les deux Mers ne ſont pas diſtantes de plus de 300. ſtades. Le meſme Plutarque raconte en la vie d'Antonius, que Cleopatra (apres que l'armée d'Antoine fut entierement vaincuë par Auguſte en bataille de mer) craignant la ſeruitude des Romains, s'efforça de paſſer par ce deſtroit le reſte de ſon armée naualle, afin de chercher vne nouuelle habitation, fort eſloignée des Romains. Ie ne ſçay pas à quoy penſoit Copernic, quand il a eſcrit au chap. 3. du liu. 1. qu'entre les deux Mers à grand' peine y auoit-il 15. ſtades; peut-eſtre que c'eſt vne faute ſuruenuë à l'impreſſion de ſes œuures : & pleuſt à Dieu que dans les eſcrits de ce grand perſonnage il n'y euſt aucune faute plus grande que celle-cy, encore qu'elle ne ſoit des moindres. Eratoſthenes a eſtimé que ceſt Iſthme eſtoit anciennement tout couuert d'eau, deuant que la mer Atlantique ſe meſla auec la mer Mediterranée. Et quelques Grammairiens qui ont commenté Homere, ont penſé, cõme dit Strabon, que le Menelaus d'Homere, auoit par ce meſme deſtroit nauigé en Ethiopie. Or à ceſte relation d'Eratoſthenes (ſoit qu'on l'appelle hiſtoire, ou fable, ou bien coniecture) nous adiouſterons quelques choſes qui ſemble la rendre vraye-ſemblable. Premierement Herodote a coniecturé deuant Strabon, que l'Egypte (ſinon en tout, aumoins la partie d'icelle, ſituée au-deſſoubs de Delta, nommée l'Egypte inferieur) eſtoit vn don du Nil (ou pluſtoſt de la mer) qui a fait en ce lieu vn amas de limon & sable. D'auantage Strabon & Pline rapportent d'Homere, que l'Isle de Pharon, laquelle Pline l.5.ch.31. rapporte estre de son temps conioincte à la ville d'Alexandrie par vn pont (dont il semble que Strabon l'appelle Peninsulle) estoit au temps passé esloignée d'Egypte, par la nauigation d'vn iour & d'vne nuict entiere. Et d'icy Strabon coniecture qu'Homere (veu qu'il fait souuent mention de Thebe en Egypte) n'a rien dit de Memphis, parce que ou elle estoit en ce temps là fort petite, ou qu'elle n'estoit point encore du tout bastie, la terre estant pour lors couuerte d'eaux, là où par-apres la ville de Memphis a esté édifiée. Aussi la depression du riuage d'entre les deux Mers semble y seruir, laquelle est si grande, que premierement Sesostrius, en-apres Darius, & en fin Ptolomée, auoient estimé se pouuoir faire & fouïr vn fossé entre-deux. Et Strabon fait mention d'auoir veu en son temps le bord de la mer Egyptienne, inondé & couuert de la mer, outre le mont Casius. Aussi les grandes retraictes du flux & reflux, qui se font tant au sinus Arabique qu'au Persique, ne semblent pas beaucoup esloignées de la coniecture d'Eratosthenes. Car le flux & reflux se diminuent tellement au goulfe Arabique, que Iule Scaliger estime quelqu'vns auoir de là pris occasiõ de calõnier le miraculeux passage de plus de 600000 Israëlites au trauers de la mer Rouge, lequel passage ils ont dit auoir esté fait à l'endroit le plus reculé au dedans dudit Sinus, par l'obseruation du flux & reflux de la mer, & que les Egyptiens y venans à la foulle, furẽt submergez. Et Pline rapporte liu.6.chap.28. que pres l'emboucheure du Sinus Persique, & ioignant le Promontoire Macare, Numenius Præfect ou Lieutenant d'Antiochus, combattant contre les Perses, eust deux victoires en mesme lieu,& en mesme iour: la premiere par le moyen de ses Nauires,& l'autre par le moyẽ de sa cauallerie, la mer s'estant retirée selon son reflux accoustumé. Or cecy soit dit touchant la coniecture d'Eratosthenes. Retournons maintenant aux limites d'Afrique. Du costé d'Orient (comme nous auons dit) le Meridien conduit par le Sinus Arabique,& par la mer Mediterranée, separe l'Afrique d'auec l'Asie. Des autres costez elle est enuironnée de Mer: vers Midy elle est terminée par la mer Ethyopique: vers Occident, par la mer Atlantique: vers le Septentrion, par les limites de l'Europe australle. Si les relations & rapports des anciens ne prouuent assez que Ptolomée n'auoit cognoissance de la partie australle d'Afrique, laquelle il fait estre continuë à l'Asie, par vne terre incogneuë qui enuironne la partie australle de la mer Indique & du Sinus Ethiopique: aussi ne sera-il prouué par Herodote, qui rapporte que quelqu'vns enuoyez par d'Arius nauigerent tout à l'entour de ce circuit, ny le tesmoignage d'Heraclide pontique, qui dit qu'vn certain Mage venu de la part de Gelon, disoit auoir nauigé & circuit toute ceste region là: (car Posidoine en cela contraire à Polybe, a pour suspecte l'vne & l'autre narration,) ny aussi l'histoire de Eudoxe Cizicene, approuuée par Posidoine, laquelle Strabon, Pline & Mela rapportent de Corneil Nepos, homme tres-graue, (parce que Strabon a estimé que ceste histoire n'estoit guere differente des mensonges de Pytheus Euemere, & d'Antiphane,) ny les traditiõs du Roy Iuba, touchant la mesme chose, rapportées par Solin: toutes ces anciennes relations, dis-ie, ne sont pas suffisantes pour prouuer l'ignorance de Ptolomée: Mais les nauigations faites nouuellement par les Portugais, depuis le Promontoire ou Cap d'Afrique le plus auſtral (qu'on appelle de bonne eſperance) iuſques aux Indes les plus Orientales, le prouuent appertement. Cependant entre les relations des plus anciens, ie paſſe ſoubs ſilence ce que rapporte Pline, ſçauoir eſt que du regne de C. Cæſar, fils d'Auguſte, on a veu & cogneu au goulfe Arabique des ſignes du naufrage de Nauires Eſpagnolles : & qu'au temps que la puiſſance des Carthaginois floriſſoit, Hannon ayant eſté porté en tournoyant depuis les Gades iuſques en Arabie, a eſcrit ceſte nauigation.

Aſie. Nous auons dict par quelles bornes & limites l'Aſie eſt ſeparée de l'Europe & de l'Afrique, ſçauoir eſt vers l'Occident. Des autres coſtez elle eſt arroſée de la mer: de là congelée ou hyperborée vers Septentriõ: de l'Ocean Serique & Oriental vers l'Orient : de la mer Rouge & Indique vers Midy. Les parties plus boreales de l'Aſie, comme auſſi de l'Europe, ne ſont pas enuironnées de mer, mais de terre incogneuë ſelõ Ptolomée. Quelques autheurs modernes tiennent que ceſte terre eſt celle que nous appellons Groenlandie, qu'ils eſtiment eſtre ioincte aux Indes. Pluſieurs nauigations de ceux de noſtre pays, nous font doubter de ceſte opinion, leſquels teſmoignent qu'étans paſſez outre les extremitez de Noruegue, bien auant dans le cercle Artique, outre ce deſtroit là qui ſepare la nouuelle Zenle de la Ruſſie, toutes choſes ſont enuironnées de mer. Afin que ie ne faſſe mention de ce que Mela rapporte de Cor. Nepos, autheur tres-graue, que quelques Indiens furent donnez à Q. Metellus (lequel eſtoit Lieutenant és Gaules) par le Roy de Sueue, leſquels auoient eſté emportez par la force des tempeſtes, depuis la mer Indique, iuſques en Allemagne : Et de ce que Patrocle aſſeure en Strabon que l'on peuſt nauiger iuſques aux Indes, allant au long d'vne coste maritime, beaucoup plus Septentrionalle, que les Bactres, Hircanies, & mer Caspie, ausquels lieux Patrocles a presidé. Et ce que rapporte Pline, que les armées des Macedoniens, pendant le regne de Seleucus & Antiochus, nauigerent par toute ceste contrée du Leuant, qui est depuis les Indes iusques à la mer Caspie.

Les anciens ont escrit diuersement de la quantité de la terre habitée. Ptolomée definit sa longueur depuis l'Occident à l'Orient, par le Meridien qui passe par les Isles fortunées, & par celuy qui est tiré par la ville Metropolitaine des Synes, afin qu'elle comprenne la moitié de l'Equateur, ou 180. degrez, 12. heures equinoctiales, 9000. stades en l'Equateur. Il a mis pour terme & limite de sa largeur le parallel plus austral, lequel outre l'Equateur, s'aduance vers Midy de 16. deg. 25'. Il a posé pour terme boreal le parallel tiré par l'Isle de Thyle, distante de l'equinoctial par 63. d. tellement que toute la largeur est comprise par 79. d. 25'. ou bien par 80. d. entiers, & par presque 40000. stades. Parquoy il s'estend plus loing d'Orient en Occident, que de Midy vers Septentrion, d'vn peu plus de la moitié soubs l'equinoctial, & au parallel le plus boreal, presque de la cinquantiesme partie. A bon droict donc l'extension de la terre d'Orient vers Occident (selon Ptol. l. 1. c. 6. de la Geog.) a esté appellée par les anciens longueur, & de Midy à Septentrion largeur. Strabon a cogneu sa longueur telle que Ptol. de 180. deg. de l'equateur. Hipparque tout autant, si ce n'est qu'ils sont vn peu different, touchant le nombre des stades. Car ils ont posé la longueur, qui est soubs l'equateur de 126000. stades, suiuant la mesure d'Eratosthenes, qui donne à vn degré 700. stades. Strabon a fait sa largeur bien plus petite, sçauoir est vn peu moins de 30000. ſtades,& l'a determinée par le parallel conduit par la region Cinnamomifere, diſtante de l'equateur vers Septentrion de 8800. ſtades, & par celuy qui paſſe par les lieux de la Bretagne les plus boreaux d'enuiron 4000. ſtades. Strabon veut que le parallel qui paſſe par la region Cinnamomifere ſoit plus auſtral que la Taprobane, ou bien qu'il paſſe par l'extremité d'icelle du coſté de Midy: Mais il monſtre en cela vne grande ignorance, veu que la partie plus auſtralle s'eſtend outre l'equateur, ainſi que teſmoigne Ptolomee l.7.c.4. de la Geographie, afin que ie ne parle des nauigations nouuelles des Portugais. Denis l'Afriquain faille auſſi plus lourdement, mettant la Taprobane ſoubs le tropique de Cancer.

Iuſques à preſent nous auons traicté des fins & limites du monde habité, conſtituez par les anciens. De noſtre temps, la partie maritime de l'Afrique a eſté frequentée & recogneuë par les nauigations des nôtres & des Eſpagnols, iuſques à plus de 35. deg. de latitude Meridionale, & la partie de l'Europe plus boreale a eſté cogneuë dans le cercle Artique, iuſques à 73. deg. de latitude: Ioinct qu'outre l'eſperance & croyance des anciens, quelques parties du monde ont eſté nouuellement trouuées, leſquelles ils n'auoient pas ſeulement cogneuës de nom.

Amerique. *L'Amerique*, comme vn autre monde, s'eſtendant outre 52. degrez de latitude auſtralle, terminée par le deſtroit Magellanique, ſe projette vers le Septentrion dans le cercle Artique, par laquelle partie plusieurs nauigations des noſtres prouuent qu'elle eſt bornée de mer. Ie ne parle point des contrées maritimes, veuës à la haſte, leſquelles n'ont pas eſté encore aſſez frequentées, par-delà la mer qui enuironne les parties

plus

plus boreales de l'Europe & de l'Asie. Ie ne diray mot aussi de celles qui sont plus australles que la mer Indique & Erithrée, lesquelles aucune experience ne nous peut empescher de iuger qu'elles sont adjaceantes à la terre plus australle que le destroit de Magellan.

L'Europe (soit qu'elle tire son nom d'Europe Tyrie, fille d'Agenor, ou comme veulent quelques autres de Phœnix, comme on voit en Herodote ; soit d'Europe Nymphe de l'Ocean, comme dit Hippias en Eustathius ; soit d'vn certain Europe, comme veut Nicée dans le mesme Eustathius) contient ces regiõs principales, Espagne, France, Italie, Allemagne haulte & basse, Slauonie, Grece, Hongrie, Pologne, Moscouie ou Russie, Norvegue, Suede & Danie. A icelles sont adjaceantes les Isles principales de la Bretagne, l'vne est Angleterre & Escosse, l'autre est Hybernie, subjecte au Royaume d'Angleterre : En-apres sont les Açores, & plusieurs Isles en la mer Mediterranée, comme la Sicile, Sardine, Crete, & autres. *Europe.*

L'Afrique (soit qu'elle ait pris son nom d'vn certain Afra, compagnon de l'expedition d'Hercule contre Gerion, comme veut Eustathius ; ou d'vn certain Iphrique Roy des Arabes, d'où vient que l'Afrique en langage Arabique, s'appelle *Iphrichia*, comme tesmoigne Iean Leon, ou comme il plaist à d'autres, à cause de la vehemente chaleur, comme qui diroit *ἄφρικη*, c'est à dire sans froid) a ces principales regions : Proche le destroit de Gades (qu'on appelle auiourd'huy le destroit de Gibraltar) est la Barbarie, anciennement dicte Mauritanie, qui contient les Royaumes de Marocco, de Fesse, d'Alger, de Tune : Proche de la Barbarie est l'Egypte, aussi adjaceante à la mer Mediterranée : Plus auant, apres la Barbarie, suit Biledulgerid, dicte anciennement Numidie. La troisiesme est celle que les Grecs & Latins appellent Libye : Les Arabes l'appellent Sarra. Suit la region des Nigrites, adjacẽte à vn fleuue de mesme nom, qui est dict Niger : Aujourd'huy plusieurs l'appellent Senega. Elle contient plusieurs Royaumes peu renõmez, cõme sont Gualata, Guinea, Melli, Tombutum, Gagos, Guberis, Agades, Canos, Casena, Zegzega, Zanfara, Burnum, Gaoga, Nubia. Succede par-apres le grand Empire du Roy d'Ethiopie, lequel on appelle Pretegian ; il est fort renommé, à cause que la religion Chrestienne s'y est cõseruée depuis le temps des Apostres : On nommoit les peuples d'iceluy Abissins : mais Arias Montanus, en la description du voyage de Benjamin Tudelensis, dit qu'il vaut mieux les nommer Habassins. Au temps passé, leur Empire s'estendoit aussi en Asie. Ils ont pour voisins vers Occident les Royaumes de Manicongo & d'Angola : vers l'Orient & le Midy, Melinde, Quiloa, Mosambique & Benamataxa. Les principales Isles qui luy sont prochaines, sont Madagascar, les Isles de Canaries, & du Cap vert, & l'Isle de S. Thomas, qui est au-dessoubs de l'Equateur.

Asie. L'Asie (soit qu'elle soit dite d'Asie, mere de Promethée, comme veulent la plus part ; soit qu'elle ait pris ce nom d'vn certain Heroes, dict Asius, comme veut Hippias en Eustathius) est aujourd'huy entierement subjecte à l'Empereur des Turcs, & au Roy de Perse, iusques à l'Inde Orientalle, la plus grand' part de laquelle est subjecte aux Roys de la Chine & de Pegu. Les lieux plus Boreaux de l'Asie sont occuppez par les Moscouites, Tartares, & par ceux qui habitent la region de Cathaie. Elle a pour ses Isles, outre Cypre & Rhodes en la mer Mediterranée ; vers Midy, Sumatra, Zeila, l'vne & l'autre Iaua, les Moluques, les Philipines, Borneo, & vne infinité d'autres : vers le Leuant, elle a les Isles de Iappons.

L'Amerique, laquelle a pris son nom d'Americque Vespuce, qui a le premier donné la cognoissance de ceste terre, a pour fins & limites, vers l'Orient, (par où elle regarde l'Europe & l'Afrique) l'Ocean Atlantique : vers l'Occident, elle a la mer qu'on appelle *Delzur* : le destroit Magellanique ferme la partie la plus australle : Les narrations de Martin Frobisher & de Iean Dauis, donnent bon tesmoignage, que la partie la plus boreaille, qui est encore incogneuë, est terminée par la mer congelée. Ils nombrent ces regions principales : vers le Septentrion, la terre de Labeur, que les Espagnols appellent *Tierra de Labrador*, vient apres la region des Baccaleares, de là la nouuelle France, par-apres la Virginie, puis la Floride, proche de laquelle est la nouuelle Espagne, fort renommée à cause de la ville Mexicane : il y a finalement le Bresil & le Perou, regardans vers Midy. Elle a plusieurs Isles adjaceantes : il y en a plusieurs situées au Sinus Mexicain, à l'Orient de l'Amerique, les plus belles desquelles sont Cuba, Espagnole, & plusieurs autres moins renommées. Amerique.

D'auantage, il y a plusieurs parties du monde non encores assez veuës ny cogneuës : par delà la mer Indique, en la terre australle, est la nouuelle Guinée : mais on ne sçait pas encore si c'est vne Isle, ou bien si elle tient à la terre australle : comme aussi ne cognoist-on pas assez le destroit de Magellan, & les parties borealles du monde, objectées à l'Europe, Asie & Amerique, lesquelles ont esté descouuertes par les nauigations des nostres.

Chap. II.

Du circuit de la terre, ou du cercle maieur en icelle, & de la mesure d'vn degré.

REste maintenant à parler de l'enuironnement & circuit du plus grand cercle en la terre, puis que sa cognoissance est fort necessaire à la nauigation & Geographie. Et ie ne sembleray pas m'esloigner de propos, si ie m'arreste vn peu plus long temps sur ce subiect, principalement à cause qu'il y a grande dissention de cecy entre les autheurs de plus grand renom : tellement que nous sommes en controuerse, lequel nous deuons suiure.

Aristote en la fin du l.2. du Ciel, attribuë à la circonference de la terre 400000. stades, & ce, comme il dit, suiuant l'opinion des Mathematiciens. Cleomedes liu.1. en compte 300000. Car il rapporte qu'on trouue auec instrumēts Dioptriques, que les Zeniths de Lysimache & de Syenes sont distants par la quinziesme partie du mesme Meridien. Or il pose leur interuale de 20000. stades, d'où on recueille que le circuit est 300000. Car ce nombre viendra à telle somme, si on multiplie 20000. par 15. Eratosthenes (si nous croyons à Strabon, Vitruue, Pline & Censorin) veut qu'il soit de 252000. stades. Hipparque (tesmoing Pline) y adiouste peu moins de 25000. Strabon, tant à la fin du l.2. de la Geographie, qu'ailleurs, enseigne qu'il vsoit d'vne mesme mesure qu'Eratosthenes, là où il dit suiuant la sentence d'Hipparque, la quantité de la terre est de 252000. stades ; autant aussi Eratosthenes enseigne qu'elle contient. La relation fabuleuse de Dionysiodore fauorise à Eratosthenes, en Pline l.2. ch. dernier : *Au sepulchre de Dionysiodore* (dit-il) *on a trouué vne*

Epistre escrite aux Dieux, par laquelle il tesmoignoit que le semidiametre de la terre contenoit iusques à 42000. stades. Ce nombre pris six fois, produict 252000.

Cleomedes rapportant les obseruatiõs d'Eratosthenes & de Posidoine, fait le circuit vn peu moindre, sçauoir de 250000. stades. Car il pose Syene & Alexandrie soubs vn mesme Meridien. Syene estant située soubs le tropique d'Esté, le Soleil estant au commencement de Cancer, les gnomons y sont sans vmbres à midy. Pour tesmoignage de ce, Strabon deuant Pline rapporte qu'vn profond puits y a esté tout illuminé en mesme temps. En Alexandrie, le Soleil estant constitué au mesme lieu, vn gnomon jetta en mesme tẽps son vmbre à la cinquantiesme partie de la circonference, à laquelle il est érigé à angles droicts : tellemẽt que la sommité d'iceluy est le centre de la mesme periphere. Or l'interualle de Syene & d'Alexandrie a esté posé de 5000. stades, par Pline, Strabon & Eratosthenes. Que si tu multiplie 5000. par 50. sera produict le nombre 250000. qui est le nombre des stades qu'Eratosthenes attribuë au circuit de toute la terre. Posidoine tasche de prouuer (par vne methode non beaucoup dissemblable) que la circonference de la terre contient 240000. stades. Premierement il prend pour chose concedée, que Rhodes & Alexandrie soiẽt posées soubs vn mesme Meridiẽ, à quoy s'accorde Ptol. l.5.c.3. de l'Almag. Or la Canobe, qui est vne Estoille tres-luisante au timon d'Argos (laquelle la Grece ne voit pas, c'est pourquoy Aratus n'en a fait aucune mention) se voit premierement à Rhodes, mais au mesme horison, & incontinent elle se cache à la conuersion & tournement du monde, ou bien (comme dit Procle) elle se voit auec peine, ou bien certes des lieux haults & éminens. Mais si on vient depuis Rhodes iusques en Alexandrie, elle paroist haulte: Car lors qu'elle s'approche du Meridien, elle est esleuée sur l'horison de la quatriesme partie d'vn signe, c'est à dire de la quarante-huictiesme partie du Meridien, qui passe par Rhodes & Alexandrie. (Procle a esté de mesme opinion, pourueu qu'on prenne bien ces parolles, *Canobe se voit à plain en Alexandrie, estant esleuée sur l'horison enuiron la quatriesme partie d'vn signe.* Le texte est corrompu en ces mots, *on ne la voit point en Alexandrie,* peut-estre que le mot Grec *ἄφαντ*, qui signifie occulte, ou qui ne se voit point, a esté mis au lieu d'vn autre mot Grec *ἐκφαντ*, qui signifie apparent & manifeste.) Or il definit la distance de Rhodes à Alexandrie de 5000. stades, comme aussi Pline. Mais 5000. multipliez par 48. produisēt le nombre de 240000. stades, conuenant à la circonference de toute la terre, selon l'aduis de Posidonius. Ptólomée & deuant luy Maximus Tirius, ont attribué 500. stades à vn degré du plus grand cercle en la terre, dont tout le circuit en contient 360. afin que toute la circonference ne contienne pas plus de 180000. stades. Strabon liu. 2. de sa Geographie tesmoigne que la mesure de Ptolomée touchant le circuit terrestre a esté cogneüe par les anciens, approuuée par Posidoine.

Ceste difference d'opinion, touchant la mesure du circuit terrestre, est grande, & chasque opinion se deffend par l'authorité de grands personnages. Nous sommes en doubte lequel on doibt suiure. Si tu demande la cause de ceste dissention, cela n'est moins doubteux que le reste. Nonius & Peucer veulent que elle vienne de l'vsage de diuerses stades. Maurolyque & Philandre estiment que la diuersité des stades prouient de la diuersité des pas. Maurolyque se trauaille beaucoup pour faire accorder les autheurs, mais en vain, ilsne le permettēt pas. Ils enseignēt plusieurs sortes de pas, il est vray. Mais nous demandōs les sortes de stades, aumoins de pieds. Les Grecs (comme i'estime) ne mesuroient point leurs stades par pas, mais plustost par pieds, ou ὀργυίαις. Or ce mot Grec ὀργυία est vne mesure dextension de mains, auec la poictrine entre-deux, qui contient 6. pieds, mesure fort commune & familiere aux Pilottes, pour mesurer la profondeur de la mer, ou des fleuues. Plusieurs prennēt ce mot pour vn pas, ie ne sçay comment, que les doctes en iugent. Xylander en sa version de Strabon le prend tousiours pour vne aulne. Herodote, ancien autheur Grec, dict qu'vne stade a 600. pieds: Suidas plus recent en dit autant. Heron le mechanique (aumoins son commentateur) tesmoigne que selon l'opinion des anciēs Grecs, vne stade contient 100. orgyes, vne orgye, 4. couldées, & vne couldée, vn pied & demy, ou 24. doigts. Mais on me dira que Censorin propose trois sortes de stades: Le stade Italique, qui est de 625. pieds, & c'est celuy qu'il faut principalement entendre en la mesure du monde, vn autre Olympique, qui est de 600. pieds, & l'autre Pythique, contenant 1000. pieds. Mais laissant à part le stade Pythique, si nous considerons vn peu plus attentiuement la chose, nous trouuerons qu'encore que le stade Italique & Olympique soient differends de nom, qu'ils ne le sont pas pourtant de faict. Car l'Italic, lequel contient 625. pieds Romains, comme Pline tesmoigne l. 2. c. 23. sera égal à l'Olympique, qui contient 600. pieds Grecs, parce que 600. pieds Grecs sont égaux à 625. pieds Romains. Car le pied des Grecs surpasse le pied des Romains de la vingt-quatriéme partie, telle qu'est la difference d'entre 600. & 625.

En vne si grande diuersité d'opinions, coniecturons

quelle eſt la cauſe d'vne ſi grande diſſention,& voyõs lequel nous debuons ſuiure. Ne parlons point d'Ariſtote,l'aſſertion duquel ſe deffend par le ſeul nom. L'opinion de Cleomedes,touchant 300000.ſtades,ne merite d'eſtre rapportée icy,ſi ce n'eſtoit qu'Archimede Ciracuſain fait mention d'icelle,comme n'eſtãt hors de toute apparence en ſon temps. Eſpluchons Eratoſthenes & Poſidoine,les opinions deſquels ſemblent eſtre appuyées ſur certains fondements. Nous eſtimons que la cauſe de la diſſention eſt,qu'Eratoſthenes & Poſidoine n'ont pas meſuré les diſtances qu'ils donnent,mais qu'ils les ont ſeulement pris de la commune tradition des voyageurs,excepté que Poſidonius a plus failly en ſes obſeruations. Mais Ptolomée teſmoigne que ſon opinion eſt confirmée & auerée par les dimenſions & meſures des diſtances qui en ont eſté faite,lors qu'il dit : La largeur de la terre cogneüe eſt de 76. parties,d'vne troiſieſme,d'vne douzieſme,ou de 80.degrez entiers,de 40000.ſtades:tellement qu'vn degré contient 500. ſtades : ce qu'on trouue par les dimenſions & meſures plus exactes & diligentes qui ayent eſté faites. Hipparque reprend fort Eratoſthenes, lequel en donnant la meſure des diſtances des lieux,s'eſt trop eſloigné de la verité,& monſtre qu'il a eſté merueilleuſement ignorant deſdits lieux,ainſi que Strabon le teſmoigne liu.1. Eratoſthenes compte depuis Alexandrie iuſques à Carthage plus de 13000.ſtades,combien qu'il n'y en ait pas plus de 9000.dit Strabon. Poſidoine met l'interuale d'entre Rhodes & Alexandrie de 5000. ſtades,ſelon l'opinion des Nautonniers, deſquels les vns en mettent 4000. les autres 5000. mais il confeſſe qu'Eratoſthenes ayant meſuré ceſte interuale auec inſtruments ſciotriques,ne l'a trouué eſtre plus de 3750. Strabon fait aussi vn peu moindre la distance, sçauoir de 3640. stades. Il est donc raisonnable que nous croyõs à Ptolomée, puis qu'il confesse que son opinion approuuée & soustenue par plusieurs exactes & diligentes dimẽsions, s'approche plus pres de la verité, que de celle des autres.

François Maurolique, Abbé de Messane, est deceu par imprudence, lors qu'il deffend Posidoine contre Ptolomée. Il a pour suspecte l'opinion de Ptolomée, en designant la latitude de Rhodes, laquelle il a voulu de 36. degrez. Il admonneste que les nombres sont corrompus és tables Geographiques : ce qui est tres-certain. Voyons comme il le prouue en la latitude de Rhodes. *Les obseruations de Posidoine* (dit-il) *ne font pas la latitude de Rhodes moindre de 38. degrez & demy*, sinon que Ptolomée ne soit aussi faux en la latitude d'Alexandrie, ce que Maurolique a estimé ne pouuoir estre. Mais nous disons au contraire, que Ptolomée contrarie à ceste latitude, non seulement és liures Geographiques, mais aussi le plus souuent és liures de la grande construction, specialement au l. 2. ch. 6. où il met la mesme latitude de Rhodes qu'il auoit mis és Geograph. Il adiouste aussi la quantité du plus grand iour, & les vmbres Meridiennes des gnomons, tant és equinoxes, qu'aux tropiques, toutes lesquelles choses prouuent le mesme. Il met encore la mesme latitude au Planisphere, sinon qu'on veuille dire que Massem, Interprete Arabe, ou Rodolphe de Bruge, qui l'a trãslaté d'Arabe en Latin, nous ait trompez. Iusques icy donc nous sommes égaux. *Mais* (dit-il) *Procle, & les obseruations d'Eudoxe Cnide, rapportées par Strabon, fauorisent à Posidonius.* Voyons ce qui en est. *Posidoine* (dit Strabõ) *rapporte que d'vne certaine haulte maison en vne ville distante du destroit Gaditain par 400. stades, il a veu vne Estoille, la-*

quelle il estime estre Canobe, & ceux lesquels de là vers Midy se sont aduancez vn peu plus dans l'Espagne, confessent l'auoir veu. Il dit aussi qu'Eudoxe l'a veu en Cnide d'vne eschauguette, qui n'est guere plus haulte que des maisons. Or Cnide est au climat de Rhodes, auquel est aussi Gades & sa contrée maritime. Qui a-il icy contre Ptolomée? Que Canobe se peut voir à Cnide? nous ne le nyons pas. Que Cnide soit au climat de Rhodes? Ptolomée l'aduouë: car il ne luy attribuë pas plus de 36. deg. 15'. de latitude au l. 5. de la Geograph. Quoy? Ptolomée est-il aussi faux en la latitude de Cnide? On peut verifier par Procle que la latitude de Rhodes n'est pas plus grande que celle que Ptol. a posée. Procle estime que le plus long iour de Rhodes est de 14. heures ½. Ptolomée le fait égal à Rhodes & à Cnide. Strabon dit le mesme, si ce n'est qu'il l'a mis vne fois de 14. heures, d'où il s'ensuiuroit qu'il auroit moindre latitude. Or les parolles de Procle sont telles. *En l'horison de Rhodes, le tropique est tellement separé de l'horison, qu'encores que le cercle vniuersel soit couppé en 48. parties, toutesfois 29. paroissent au-dessus de l'horison, & 19. sont cachées soubs la terre.* De laquelle diuision il s'ensuit qu'à Rhodes le plus long iour est de 14. heures ½ equinoctialles, & la nuict de 9 ½. Ie ne nie pas que la tradition de Posidoine, touchant la portion du Meridien, comprise entre les poincts verticaux de Rhodes & d'Alexandrie, n'ait trompé Pline, Procle, & autres. Alfragan meine son second climat par Cypre & Rhodes: il fait le plus grand iour d'iceluy de 14. heures ½, & la latitude de 36. deg. ½. ce qui est fort peu different d'auec Ptol. Aussi Maurolique mesme, lors qu'és dialogues de la Cosmographie il nombre les parallels, fait celuy qui est tiré par Rhodes à la latitude de 36. deg. $\frac{1}{11}$, ce qui est vn peu plus esloigné de Posidoine. Aussi les obseruations d'Eratosthenes sont bien contraires à celles de Posidoine. Eratosthenes a trouué auec instrumens scioteriques, que l'interualle d'entre Rhodes & Alexandrie est de 3750. stades. Voyons quelle force peut auoir cela. Il a trouué à sa façon, par le moyen d'instruments scioteriques, que la difference de latitude d'entre ces lieux, est peu plus de 5. deg. Il attribuë à ceste difference 3750. stades de la mesure qu'il a pris pour tout le circuit de la terre, (comptant 700. stades pour chasque degré). Et certes nous n'auons point trouué d'autre artifice, par lequel le nombre des stades d'entre deux lieux se puisse trouuer par les scioteriques, sinon que nous prenions premierement le nombre des stades, conuenant ou à la circonference de toute la terre, ou à vne partie donnée d'icelle.

Voyons maintenant si nous pouuons prouuer par les obseruations d'Eratosthenes, que ny l'opinion de Posidoine, ny de Eratosthenes, touchant la mesure de la terre, ne peut estre deffenduë. Or nous ne rejettons par l'obseruation de la difference de la latitude d'Alexandrie & de Syenes, afin que nous prouuiõs par Eratost. mesme que le circuit de la terre ne se peut estendre outre 241610. stades: ce que demõstre Pierre Nonius l. 2. c. 18. de la nauigation. Nous ne recherchõs pas aussi combien est à propos l'interualle de ces lieux, qu'il fait de 5000. stades, veu que Solin, depuis l'Oceã iusques à Meroé, ne nombre pas plus de 620. milles, qui sont 4960. stades. Or Meroé est située bien par-delà Syene. Ie ne feray point aussi de difficulté, touchant ce peu de difference dont Pline n'est d'accord auec luy, lors que depuis l'Isle Elephantine (laquelle est 3000. pas au-dessus du dernier cataracte, & 1600. pas au-dessoubs de Syene) iusques en Alexandrie, il pose la distance de 586000. pas : de sorte que l'interualle ou eſpace d'entre Syene & Alexandrie ne ſera pas plus de 4560. ſtades. Ie prend bien vn autre chemin pour preuue de mon dire, me ſeruant ſeulement de ceſte poſtulation : Autant d'eſpace que le diametre du Soleil occuppe de ſon orbe, par-autant ou ſemblable eſpace en l'orbe terreſtre, les gnomons ne rendent vmbres, lors que le Soleil eſt conſtitué aux ſommets ou poincts verticaux. Si on nous concede cecy (ce que Poſidoine confeſſe de ſoy-meſme en Cleomedes) nous concluons que le Soleil conſtitué au commencement de Cancer, eſt vertical à la ville de Syene : & aux enuirons de ce lieu là, iuſques à 300. ſtades deça & delà, Eratoſthenes aſſeure que les gnomons ne rendẽt point d'vmbres. Voyons la quantieſme partie le diametre du Soleil eſt de ſon orbe. Car par icelle (ſi la poſition d'Eratoſthenes eſt vraye) on trouuera la meſure du circuit de la terre. Firmique Materne ne veut pas que le diametre du Soleil & de la Lune ſoit moindre qu'vn degré, mais il ſe trompe grandement. Il met la quantité de ce diametre plus grande que la verité ne requiert, & que nous ne demandons. Les Egyptiens par des inſtruments hydroſcopiques ont trouué que le diametre du Soleil occupoit la ſept cents cinquantieſme partie de ſon orbe. Que ſi 300. ſtades correſpondent à la ſept cents cinquantieſme partie de tout le circuit de la terre, tout le circuit ne ſera pas plus grand que 225000. ſtades. Proclus ch. 3. des deſignations Aſtronomiques, enſeigne la fabrique & vſage de ceſt inſtrument. Theon en parle auſſi en ſes commentaires du 5. l. de l'Almag. de Ptol. comme fait auſſi Maurolique en ſa Coſmographie dialogue 3. Mais ceſte ſorte d'obſeruation n'eſt approuuée par Ptolomée. Theon & Procle monſtrent qu'elle eſt ſubjecte à beaucoup d'erreur. Il faut donc que nous cherchiõs plus auant.

Ariſtarche Samien,au rapport d'Archimede,a dict que le diametre,apparent du Soleil,occuppe la ſept cents cinquantieſme partie du cercle du Zodiaque, c'eſt à dire 30'. & qu'il eſt égal au diametre apparent de la Lune és 7.& 8. prop. de ſon liure de la grandeur & diſtance du Soleil & de la Lune. Ariſtarche a voulu le meſme. Cependant ie ne me puis reſoudre du doute & ſcrupule que m'a donné la ſuppoſition du meſme Ariſtarchus au meſme liure,touchant le diametre de la Lune,qu'il dit eſtre de 2.deg. Archimedes Syracuſain,par ſes obſeruations faites auec inſtruments dioptriques,a deffiny que le diametre du Soleil eſt plus grand que la deux-centieſme partie de l'angle droict, c'eſt à dire que 27'; & moindre que la cent-ſoixante-quatrieſme partie du meſme angle droict,c'eſt à dire que 33'. Mais le meſme Archimede aduoüe qu'il ne ſe faut pas tant fier à ces obſeruations faites par inſtruments dioptriques,que l'on vienne à croire que les diametres des luminaires ſe puiſſent parfaictement & exactement recognoiſtre,veu que ny la veuë,ny les mains,ny les inſtruments auec leſquels il faut obſeruer & experimenter,n'ont aſſez de foy pour la demõſtration requiſe. Ptol. par les meſmes inſtruments dioptriques,& par la raiſon & obſeruation des Eclipſes,a trouué que le diametre du Soleil eſt de 31'. 20''. & égal à celuy de la Lune,lors qu'elle eſt en ſa plus grande diſtance de la terre,comme en la pleine Lune & conionction. Or touchant ce qu'il dit ceſte grandeur eſtre immuable & perpetuelle, Procle ch.3. des deſignations Aſtronomiques ſemble ne s'y accorder, & l'auoir pour ſuſpect,eſmeu par l'authorité de Soſigene Peripateticiẽ,lequel és liures qu'il a intitulé des reuolutions,remarque qu'és Eclipſes Solaires on apperçoit quelquesfois vn certain petit rond lumineux du Soleil, lequel enuironne de tous costez les extremitez de la Lune. Que si cela est vray, il ne se peut faire, que la grandeur apparente du Soleil soit tousiours égale à la Lune aux oppositions & conionctions. C'est peut-estre la raison qui a induit ceux qui sont venus apres Ptol. d'en faire plus exacte recherche. Albateni a trouué le premier, que le diametre du Soleil en l'Apogée de son excentrique est de 31'.20''. Ptolomée l'a voulu d'autant, mais au Perigée de 33'.40''. Outre cela Copernic a trouué le diametre en la plus grande distance de 31'.48''. & quand il est le plus pres de la terre, il l'a trouué de 33'. 54''. Suiuons ce qui est du milieu: Prenons le diametre de 32'. Donc par les choses cy-dessus premises, si 300. stades correspondent à 32', tout le circuit ne sera pas plus grand que 202500. lequel circuit sera moindre que celuy que Posidoine a posé, & beaucoup moindre aussi que celuy d'Eratosthenes. Ces choses sont dites de la mesure du circuit terrestre, tirées des traditions des Grecs, sauf le iugement des grands personnages.

Ceux de nostre pays attribuent à vn degré 60. milles, ou 20. lieuës : tellement que toute la circonference est de 21600. milles, & cecy s'accorde exactement à l'opinion de Ptol. Nous trouuons que nostre pied Anglois est égal à celuy des Grecs, si on fait comparaison auec le pied des Grecs, lequel Agricola & autres anciens nous ont laissé par escrit. Car vn mille contient 5000. pieds de nostre pays. Vn stade en contient 600. des Grecs. Si nous multiplions la mesure d'vn stade par 500. (car Ptolomée donne autant de stades à vn deg.) ou la mesure d'vn mille, qui est de 5000. pieds par 60. (autant que nous donnons de milles à vn degré) sera produit de part & d'autre le nombre de 300000. pieds : tellement que par ces fondements est hors de controuerſe, que l'opinion de nos Nautonniers conuient auec celle de Ptol.

Les Italiens prennent 60. milles pour la meſure d'vn degré ; mais ceſte meſure eſt moindre que celle de Ptol. Les Allemands donnent 15. milles à vn degré, chacun deſquels en contient 4. d'Italie : ceſte meſure eſt auſſi moindre que celle de Ptolomée. Car ſelon leur tradition ne correſpondent pas à vn degré plus de 480. ſtades, veu que chaſque mille d'Italie comprend 8. ſtades (ſi ce n'eſt d'auenture qu'on ayme mieux ſuiure l'opinion de Polybe, lequel en Strabon enſeigne qu'outre 8. ſtades il faut adiouſter à chaſque mille 2. Plethres, c'eſt à dire vn tiers de ſtade, qui eſt la meſme meſure que noſtre mille. Appian enſeigne que 15. milles d'Allemagne valent autant que 60. d'Italie, & que 60. d'Italie valent 480. ſtades, laquelle meſure eſt plus petite que celle de Ptolomée de 20. ſtades : de 2. milles $\frac{1}{2}$ d'Italie.

Les Eſpagnols attribuent à vn degré en partie 16. lieuës $\frac{2}{3}$, & en partie 17 $\frac{1}{2}$. Ie ne ſçay pas encore quelle difference il y a entre leur meſure, comparée aux ſtades des Grecs, ou aux milles de noſtre pays, ou à ceux d'Italie, ou d'Allemagne. Il ſemble que Nonius faſſe la lieuë d'Eſpagne égale à vne ſchœne, ou à vne paraſange. Que s'il eſt vray que 16. lieuës $\frac{2}{3}$ conuiennent à vn degré, ils prennent la meſure égale à celle de Ptol. mais s'ils luy donnent 17 $\frac{1}{2}$, ils la prennent vn peu plus grande.

Reſtent maintenant les traditions des Arabes ſur ce ſubiect. Les plus anciens d'entr'eux ont donné à la circonference de toute la terre 24000. milles ou 8000 paraſanges : de ſorte qu'vn degré contient 66. milles $\frac{2}{3}$. Alhazan ſe ſert de ceſte meſure en la fin du liuret du Crepuſcule. Alfragan, & les plus recents depuis Almamon, ont donné 20400. milles, afin qu'vn degré contienne 56. milles $\frac{1}{3}$. Albifede, au commencement de son œuure Geographique, raconte que par le commandement d'Almanon, Roy d'Arabie, ou Caliphe de Babylone, furẽt enuoyez quelques Astronomes, pour obseruer aux campagnes de Singar, & aux Mers voisines, suiuant vn droict chemin, & ayant égard à la situation du pole, combien de milles correspondent à vn degré celeste, & qu'iceux recogneurent que pour vn degré il faloit 56. milles, sans aucune fraction: par fois aussi, qu'outre ces 56. milles il estoit besoing d'vn tiers de mille, c'est à dire 1333. couldées $\frac{1}{3}$. Mais ce n'est chose aisée de proportionner les milles Arabiques aux nostres, à ceux d'Italie & d'Allemagne. Nous estimons que chasque mille ne contient pas moins de 10. stades. Le parasange (comme Iacques Christman nous enseigne, suiuant Albifede, grand Geographe des Arabes) contient trois milles d'Arabie, tant au rapport des anciens que nouueaux autheurs. Or vn parasange (selon Herodote, Xenophon & autres) contient 30. stades, & par ainsi vn mille comprend 10. stades. On peut adiouster cecy pour confirmation. Les Grecs ont enseigné deux sortes de couldées, vne commune & mediocre, qui est égale à vn pied $\frac{1}{2}$ des Grecs, & contient 24. doigts, tels que le pied en a 16. L'autre coulde est Royal, lequel est en vsage en Perse, plus grand que le commun de trois doigts. Alfragan enseigne qu'vn mille d'Arabie contient 4000. couldées, selon que la couldée est en mediocre mesure. Si ce coulde est égal au Grec, vn mille contiendra 6000. pieds Grecs, autant que 10. stades en comprennent. Encore que quelqu'vns attribuent à la parasange 40. stades, les autres 60. personne toutesfois n'en a attribué moins de 30. Si auec Herodote, Xenophon & autres

nous

nous acquieſçons à ceſte opinion, (car ce n'eſt pas nôtre deſſein de rechercher ſi en diuers lieux on a vsé de diuerſes meſures de paraſange, ainſi que Strabon ſemble eſtimer des ſchœnes des Egyptiens, lors qu'il a remarqué que les Egyptiens ont vſé en diuers temps de diuerſes meſures de ſchœnes, en faiſant venir le Nil d'vne ville à autre.) Si diſie nous acquieſçons à ceux qui attribuent 30. ſtades à vn paraſange, vn mille n'aura pas moins de 10. ſtades. Si ces coniectures ſont veritables, il ne faut pas croire à ces deux grands perſonnages P. Nonius & I. Chriſtman, leſquels égalent le mille Arabique à celuy d'Italie. En telle diuerſité d'opinion, touchant la meſure de la terre, que chacun ſuiue qui bon luy ſemblera. Si les plus recents des Arabes ne nous empeſchoiēt, leſquels tiennent que leur opinion eſt approuuée, nous ne ferions aucun doubte de preferer l'opiniō de Ptol. à toutes les autres. Tu peux voir par ceſt abregé les opinions de tous les autheurs, & principalement celles qui ont quelque probabilité.

Le circuit de toute la terre, eſt de	252000	ſtades ſelon	Strabon & Hipparque.
	250000		Eratoſthenes.
	240000		Poſidoine, & les anciēs Arab.
	180000		Ptolomée, & les Anglois.
	204000		Les plus recents Arabes.
	172800		Les Italiens & Allemands.

La meſure d'vn degré, eſt de	700	ſtades ſelon	Strabon & Hipparque.
	$694\frac{4}{9}$		Eratoſthenes.
	$666\frac{2}{3}$		Poſidoine, & les anciens Arabes.
	500		Ptolomée, & les Anglois.
	$566\frac{2}{3}$		Les plus recents Arabes.
	480		Les Italiens & Allemands.

Le mille d'Italie eſt de 8. ſtades	Celuy d'Arabie de 10.
Celuy d'Angleterre de $8\frac{1}{3}$.	Celuy d'Allemagne de 22.

QVATRIESME PARTIE DE L'VSAGE DES GLOBES.

IVSQVES à present nous auons traicté des Globes, de leurs cercles, & des instruments necessaires à l'vsage d'iceux. Il nous reste à voir combien est diuers leur vsage, & que nous venions à la pratique. L'vsage d'iceux est tres-necessaire à ceux qui desirent auoir la cognoissance de l'Astronomie, Geographie, & de l'art de Nauiger. Car ils donnent vne methode tres-facile pour trouuer le lieu du Soleil, les longitudes, latitudes, & positions des lieux, les quantitez & heures des iours ; comme aussi les longitudes, latitudes, declinaisons, ascentions droictes & obliques, l'amplitude du leuer & coucher du Soleil & des Estoilles, & plusieurs autres telles choses quasi infinies. Nous parcourerõs brefvement les principaux vsages, estant par trop lõg de traicter de tous. Or ceux qui sont versez en la Mathematique, ont cogneu que toutes les choses qui se trouuent par l'vsage des Globes, se peuuent trouuer beaucoup plus exactement par les nombres, & doctrine des triangles plans & spheriques. Mais cest artifice, outre qu'il apporte vn grand desgout, à cause de sa prolixité, desire vne grande exercitation és Mathematiques. Mais par la pratique des Globes, elles se peuuent trouuer promptement, sans presque aucune cognoissance de la Mathematique.

CHAPITRE PREMIER.

De la longitude, latitude, distance, & angle de position, ou situation des lieux exprimez au Globe terrestre.

LEs plus anciens, à commencer dés le temps de Ptol. ont posé le terme & limite pour mesurer la longitude des lieux : le Meridien tiré par les Isles fortunées, appellées auiourd'huy par plusieurs, Canaries ; si c'est à bon droict, nous ne l'examinons pas. Nous admonestons seulement en passant, que la latitude Ptolomeique des Isles fortunées, est bien differente à la latitude des Canaries, & qu'elle semble plus approcher de la latitude des Isles qu'on appelle auiourd'huy les Isles du Cap verd. Ptolomée a mis toutes les Isles fortunées entre 10. deg. 30'. & 16. d. de latitude boreale. Or les Canaries sont tout aumoins esloignées de l'equateur de 27. deg. Les Arabes ont constitué l'intime retraicte de l'Ocean Atlantique, pour le commencement de nombrer la longitude, duquel Iacques Christman enseigne, que les Isles fortunées sont distantes vers l'Occident de 10. deg. Entre les plus recents, plusieurs nombrent les longitudes depuis les Isles qu'on appelle Canaries, quelqu'vns depuis celles qu'on nomme Asores, & de ce terme les longitudes sont comptées en ces Globes.

La longitude donc est vn arc de l'equateur, pris entre les Meridiens du lieu donné, & de l'Isle S. Michel (qui est vne des Asores) ou de quelqu'autre lieu que ce soit, d'où on a accoustumé de determiner le commẽcement de la longitude. *Que c'est que longitude.*

Or si tu veux cognoistre la longitude de quelque lieu exprimé au Globe, adioinct le mesme lieu au Meridien : & ayant marqué le lieu de l'equateur, par lequel le Meridien passe, compte les degrez de l'equateur, qui sont depuis le Meridien de l'Isle de S. Michel iusques à ce lieu : car autant sont les degrez de la longitude du lieu donné.

En la mesme maniere tu pourras mesurer la difference de la longitude d'entre deux lieux exprimez quels qu'ils soient. Car la difference de longitude n'est autre chose que l'arc de l'equateur prins entre les Meridiens de deux lieux donnez. Plusieurs ont tasché de donner des moyens pour trouuer ceste difference de longitude par obseruation. Les plus habiles & entendus confessent que le vray & plus certain moyen est par les Eclipses, & principalement Lunaires. Mais les Eclipses arriuent rarement, plus rarement on les voit, & sont obseruées encores plus raremẽt par les Astronomes en fort peu de lieux ; d'où on trouue des longitudes de peu de lieux designez & remarquez par ce moyen. Oronce, & deuant luy Iean Vverner, ont estimé que la difference de longitude se peut donner par le moyen du mouuement cogneu de la Lune, & de son passage par le Meridien de quelque lieu. Raison qui est fragile & inconstante, & subjecte à plusieurs difficultez. Quelqu'vns en ont entrepris quelqu'autres, sçauoir est par l'espace obserué des heures equinoctialles d'entre les Meridiens des deux lieux. Ce qu'ils pensent pouuoir trouuer par des Horologes ou Automates, ou Hydroliques, ou Arenaires, ou d'autres choses semblables. Toutes ces choses inuentées de long tẽps, apres qu'elles sont bien pesées (aumoins par les plus subtils & prudens) sont en fin rejettées, car elles ne donneront ce que nous desirons. Mais vn tas d'imposteurs diuulguent ces choses, & autres bien pires, auec grande ostentation, & les vendẽt bien cheaux hommes les plus apparents,& de meilleure condition,mais de moindre erudition & iugement. Ie ne recherche point les erreurs & incertitudes de ces instruments. I'aduerty seulement en passant,que les achepteurs se donnent de garde de tels imposteurs,afin qu'ils ne pleignent trop tard l'argent mal employé. Qu'ils laissent là ces trompeurs,auec leurs fatras & choses de neant.

Nous auons enseigné en nostre Cosmographie la maniere d'obseruer ladite difference de longitude par les Eclipses,& dict plusieurs choses sur ce subject,que nous ne repetons icy, non-plus que les diuerses manieres d'obseruer la latitude des lieux,que nous auons aussi enseigné en ce lieu là.

CHAP. II.

De la latitude des lieux.

Que c'est que latitude.

LAtitude,est la distance par laquelle le zenith ou sommet de quelque lieu est esloigné de l'equateur. Si tu la veux congnoistre,applique au Meridien quelque lieu exprimé au Globe,& compte les degrez au Meridien,par lesquels le mesme lieu est distant de l'equateur:car la latitude du lieu donné sera aussi grãde. On doibt aussi estre aduerty que la latitude de quelque lieu que ce soit est égale à l'esleuation du pole du mesme lieu. Car le sommet de quelque lieu est distant de l'equateur d'autant de degrez que le pole est esleué sur l'horison,pourueu que le sommet de ce lieu soit constitué de telle sorte,que de tout costé il soit distant de l'horison par 90.degrez.

CHAP. III.

De la distance de deux lieux, & comme il faut trouuer l'angle de position ou situation.

SI tu constitue le Globe terrestre en telle sorte, que le sommet d'vn des lieux donnez soit de tout costé esloigné de l'horison par 90. degrez, & que tu affige au mesme sommet la quarte de haulteur, si par-apres tu fais tournoyer ladite quarte, iusques à ce qu'elle passe par le sommet de l'autre lieu, les degrez d'icelle quarte interceps entre les sommets des lieux, estants conuertis en stades, milles ou lieuës, monstreront la distãce des deux lieux donnez. Mais le terme ou bout de la quarte vers l'horison monstrera la partie ou endroit du monde, vers laquelle l'vn des lieux est tourné au regard de l'autre, ou l'angle de position. Car l'angle de position est celuy qui est compris par le Meridien de quelque lieu, & par le cercle majeur qui passe par les sommets des lieux donnez. Sa quantité doibt estre comptée en l'horison.

Que c'est qu'angle de positiõ.

La ville de Londres en Angleterre a 26. deg. de longitude, & 51. deg. $\frac{1}{2}$ de latitude boreale. Que d'icelle ville on cherche la distance & l'angle de position à l'Isle S. Michel, qui est vne des Asores. Afin que cela se trouue qu'on esleue le pole boreal de 51. deg. $\frac{1}{2}$, autant qu'est la largeur de Londres. Puis affigeras au sommet la quarte de haulteur, c'est à dire à 51. d. $\frac{1}{2}$ boreaux depuis l'equinoctial: De là faisons tourner ceste quarte, iusques à ce qu'elle passe par l'Isle S. Michel, & nous trouuerons que la distance qui est entre les sommets ou zeniths de Londres & de S. Michel, est de 12. deg. & presque 40'. qui valent 280. de nos lieuës. Et si nous prenons garde en quelle part de l'horison le bout de la quarte est placée, nous trouuerons que l'angle de position eſt entre le Midy & l'Occident, bien pres de 50. deg. qui eſt entre le vent de Sudoeſt & celuy de Sudoeſt quart à l'oeſt ; d'où la ſituation de ceſte Iſle au regard de Londres ſera manifeſte.

D'autant que nous auons traicté fort au long en noſtre Coſmographie de la diſtance des lieux, nous repeterons ſeulement icy ſommairement le moyen de trouuer par les triangles ſpheriques, & auſſi auec le compas de proportion leſdites diſtances des lieux, les latitudes & longitudes d'iceux eſtants données : Et pour ceſt effect, faut entendre qu'eſtant deſcrit vn grand cercle par deux villes ou autres lieux, l'arc d'iceluy cercle compris entre leſdits deux lieux, eſt la meſure de la diſtance d'entre iceux : car iceluy arc eſt la plus courte ligne de toutes les circulaires qui ſe peuuent mener en la ſuperficie conuexe de la terre d'vn lieu à autre : parquoy chercher la diſtance d'entre deux lieux, n'eſt autre choſe que chercher combien de degrez & minuttes ledit arc contient, leſquels degrez & minuttes eſtants trouuées, il faut conuertir en milles ou lieuës, donnant à chaſque degré 60. milles d'Italie, ou 30. lieuës Françoiſes, ou 15. d'Allamagne, & ce ſelon la commune opinion des Geographes : car quelqu'vns luy attribuent d'auantage, & quelqu'autres moins, comme il appert des choſes cy-deuant dites.

Premierement donc, ſi les deux lieux propoſez auoient vne meſme longitude, & qu'ils fuſſent tous deux vers Septentrion, ou vers Midy, ſoit oſté la moindre latitude de la plus grande, afin d'auoir leur difference latitudinalle, laquelle eſtant conuertie en lieuës, on aura la diſtance Itinerere d'entre les deux lieux propoſez : Mais l'vn des lieux eſtant vers Septentrion, & l'autre vers Midy, ſoient adiouſtées enſemble leurs latitudes, & viendra la difference latitudinalle, laquelle ſoit reduite comme dit eſt : Et ſi l'vn des lieux eſtoit ſoubs l'equateur, la latitude de l'autre ſeroit leur diſtance.

2. *Si les deux lieux ſont ſoubs vn meſme Meridien, mais*

soubs diuers demy cercles: tellement qu'ils soient differents en longitude par 180. degrez: tous les deux lieux estants vers Septentrion, ou vers Midy, leurs latitudes soient adioustées ensemble, & le produict osté de 180. degrez, & le reste sera la distance desdits lieux: mais l'vn des lieux estant vers Septentrion, & l'autre vers Midy, soit osté la moindre de la plus grande, & ce qui restera estant osté de 180. deg. on aura la distance requise: & finablement si l'vn des lieux estoit soubs l'equateur, ostant de 180. la latitude de l'autre, resteroit l'arc de leur distance.

3. *Quand les deux lieux sont situez soubs l'equateur, soit osté la moindre longitude de la plus grande, afin d'auoir leur difference longitudinalle, laquelle estant moindre que 180. deg. donnera la distance requise: mais si elle est plus grande, soit osté icelle de 180. & ce qui restera donnera ladite distance.*

4. *Quand les deux lieux sont situez soubs mesme parallel, c'est à dire qu'ils different seulement en longitude, il faut conceuoir vn triangle spherique Isoscelle, ayant chasque costé égal au complement de leur latitude, & l'angle qu'ils comprennent de la grandeur de leur difference longitudinalle: tellement que la base dudit triangle est la distance cherchée, laquelle sera trouuée comme il est enseigné en la prop. 87. de nos triangles spheriques, sçauoir est multipliant le sinus de la moitié de la difference longitudinalle par le sinus de complement de la latitude, & le produict estant diuisé par le sinus total, on aura la moitié de la distance cherchée, & partant le double sera ladite distance.*

Exemple. *Soit proposé vne ville ayant 34. deg. 50'. de longitude, & 45. d. 23'. de latitude, mais vne autre ville ayant mesme latitude, & 31. d. 52'. de longitude: Il faut trouuer la distance d'entre lesdites deux villes. La difference longitudinalle sera 2. d. 58'. & sa moitié 1. d. 29'. dont le sinus est 2589. par lequel estant multiplié 70236. sinus du complement de la latitude, & le produict diuisé par le sinus total viendra*

1518. *pour le sinus de la moitié de l'arc de la distance d'entre lesdites deux villes, & partant l'arc entier sera 2. d. 5'. qui reduits en lieuës Françoises, donnent 62. lieuës & demy pour la distance Itineraire d'entre lesdites deux villes.*

Ledit arc distancial sera aussi trouué auec le compas de proportion, ainsi que nous auons enseigné au Scholie de la proposition 69. de nosdits triang. spheriques, sçauoir est qu'ayant porté la corde du double de la latitude à l'ouuerture de 180. degrez, l'ouuerture de la corde de la difference longitudinalle estant prise & doublée, on aura ledit arc distancial.

5. *Quand les lieux donnez sont differends en longitude & latitude, & que l'vn d'iceux est situé soubs l'equateur, & l'autre ailleurs, il faut imaginer vn triangle spherique rectangle, ayant pour l'vn des costez faisant l'angle droict, la difference longitudinalle, & pour l'autre la latitude du lieu situé hors l'equateur, & l'hypothenuse sera l'arc de la distance desdits lieux, qui sera trouuée comme il est dit en la 75. prop. de nos triangles spheriques, sçauoir est que multipliant entr'eux les sinus de complement desdits deux costez cogneus, & diuisant le produit par le sinus total, viendra le sinus du complement de l'hypotenuse, ou arc distancial cherché.*

Exemple. *Soit vne ville située soubs l'equateur, ayant 30. d. 3'. de longitude, & vne autre ville ayant 27. d. de longitude, & 33. d. 20'. de latitude : & on veut sçauoir la distance d'entre lesdites deux villes. La difference longit. sera 3. d. 3'. dont le sinus de complement est 99858. qui estant multiplié par 83549. sinus du complement de la latitude donnée, & le produit diuisé par le sinus total, viendront 83430. pour le sinus du complement de l'arc distancial, qui partant sera de 33. d. 27'. 24''. Est à notter que si la diff. long. estoit plus de 90. degrez, qu'il faudroit oster ce qui prouiendroit de 180. degrez.*

Ledit arc distancial sera aussi trouué auec le compas de proportion, mettant la corde du double du complement de la latitude proposée à l'ouuerture de la corde de 180.d. l'ouuerture de la corde du double du complement de la difference des long. donnera la corde du double du compl. de l'arc cherché.

6. Mais si les lieux proposez sont differends, tant en longitude que latitude, & tous deux situez hors l'equateur, il faut imaginer vn triangle spherique, ayant deux costez cogneus (sçauoir les deux complement des latitudes proposées, si tous les deux lieux sont vers Septentrion ou vers Midy, mais le complement de l'vne des latitudes, & l'autre latitude iointe au quart de cercle, si lesdites latitudes sont en diuerses hemisphères) & l'angle qu'ils comprennent (sçauoir est l'angle de la difference long.) & la base d'iceluy sera l'arc de la distance d'entre lesdits lieux, qui sera trouuée comme il est enseigné à la prop. 87 de nos triangles spheriques, sçauoir est multipliant entr'eux les sinus de complement desdits deux costez cogneus (c'est à dire les sinus de complement des latitudes proposées) & le produit estant diuisé par le total sinus, puis le quotient multiplié par le sinus verse de l'angle cogneu (c'est à dire par le sinus verse de la diff. long.) & derechef diuisé le produit par le sinus total, si on adiouste au quotiẽt le sinus verse de la diff. desdits costez cogneus (c'est à dire le sinus verse de la diff. des latitudes proposées, lors qu'elles sont de mesme denomination, ou bien celuy de l'aggregé desdites latitudes, lors qu'elles sont de diuerse denomination) viendra le sinus verse de la base ou arc distancial requis.

Exemple. Soit quelque ville ayant 70.d.30'. de longitude, & 43.d.5'. de latitude, & vne autre ville ayant 36.d.40'. de long. & 41.d.40'. de lat. Et il faut trouuer la distance d'entre lesdites villes. La diff. long. est 33.d.50'. & les complemens des latit. sont 46.d.55'. & 48.d.20'. dont les sinus estants multipliez entr'eux, & le produit diuisé par le sinus total 100000. viennent 54560. qui multipliez par 16934. sinus verse de 33.d.50'. difference longit. & le produit diuisé par le sinus total viennent 9239. ausquels estant adioustez 31. sinus verse de 1.d. 25'. differ. des latitudes, viennent 9270. pour le sinus verse de l'arc distancial cherché, qui partant est de 24.d.52'. qui reduis en lieuës Françoises, vallent 746. lieuës, & telle est la distance itinerere d'entre lesdites deux villes proposées.

Autre exemple. Soit quelque lieu ayant 126. d. de longit. & 6. d. 30'. de latit. Meridionalle, & vn autre lieu ayant 28. d. 30'. de long. & en latit. Septent. 51. d. 10'. Il faut trouuer l'arc distancial desdits lieux. La differ. long. est 97. d. 30'. & les complemens des latitudes sont 83. d. 30'. & 38. deg. 50'. lesquels estants multipliez entr'eux, & le produit diuisé par le sinus total, viendront 62303. qui multipliez par 113053. & le produit estant derechef diuisé par le total sinus viendront 70435 ausquels estant adioustez 46516. sinus verse de 57. d. 40'. aggregé des deux latit. prop. viendront 116951. pour le sinus verse de l'arc distancial requis, qui partant sera 99. d. 45'. 30".

Le mesme arc distancial sera aussi trouué auec le compas de proportion: car si ayant ouuert iceluy d'vn angle égal à la differ. long. on prend l'ouuerture d'entre les cordes du double des complements des latitudes proposées, & icelle ouuerture estant portée sur la iambe dudit compas, iceluy estant ouuert à angle droict, soit pris l'ouuerture d'entre elle & la difference des sinus ou cordes du double des latitudes proposées, & icelle sera la corde du double dudit arc distancial. Ou bien iceluy arc sera trouué comme il est enseigné au Scholie de la prop. 87. de nos triangles spheriques.

Or les longitudes & latitudes des lieux doiuent estre prinses dans la Geog. de Ptol. ou d'autres autheurs, sinon qu'elles se trouuassent en la table suiuante, laquelle contient les principales villes, & autres lieux plus renommez, auec leurs long. & lat. extraictes dudit Ptol. & de quelques autres autheurs: & combien qu'il y ait de grãdes fautes en quelqu'vnes des long & lat. de Ptol. si est-ce que nous les auons toutes rapportées icy, selon qu'il les a cottées, n'ayãt rien voulu changer, afin que le lecteur voye la difference qu'il y a entre plusieurs d'icelles long. & lat. de Ptol. & celles données depuis par diuers autheurs, desquelles nous auons choisi & rapporté en nostre Cosmog. celles qu'auons estimé plus conuenables & accordantes à la situation des lieux.

TABLE, CONTENANT LES LONGITVDES ET LATITVDES DES PRINCIPALES VILLES ET AVTRES LIEVX.

Noms des villes & autres lieux.	Long. D.	M.	Latit. D.	M.
ABBEVILLE	23	0	50	25
Aberdein, ville d'Escosse	18	24	59	0
Adrianopolis, ville de Thrace	53	0	43	0
Ætna, mont de Sicile	39	0	38	20
Agen	19	50	46	20
Aigues-mortes	22	45	42	40
Aix en Prouence	24	30	43	44
Aix la Chappelle	27	15	52	10
Alby	26	30	43	40
Alcala de Enares, ville d'Espagne	10	30	41	40
Alcaire, ou Cayre	62	15	30	0
Alençon	19	15	48	35
Alerie, en l'Isle de Corse	31	30	40	5
Alexandrie d'Egypte	60	30	31	0
Alexandrie d'Italie	30	0	43	30
Alexandrie, ou Alessandrette de Syrie	68	32	37	54
Almeria, ou Abdera en Espagne	10	45	37	10
Amberg, ville de Boheme	32	40	48	4[illegible]
Amboise	20	38	47	4[illegible]
Ambrun	29	40	44	3[illegible]
Amiens	22	30	51	[illegible]
Amsterdam	27	34	52	4[illegible]

Noms des villes & autres lieux.	Long. D.M.		Latit. D.M.	
Ancone	36	30	43	40
sainct André, ville d'Escosse	16	15	[illegible]8	0
Andros, ville & Isle	55	0	[illegible]7	30
Angers	18	50	49	20
Angoulesme	21	18	46	0
Angola en Afrique Aust.	46	0	9	0
Anuers	24	30	52	50
Arimini en Italie	35	0	43	50
Arles	22	45	43	20
Armacane en Irlande	13	35	61	40
Arras	22	30	51	0
Ast	30	20	43	5
Astorga en Espagne	9	30	43	40
Atlas, mont	8	0	[illegible]6	30
Augsbourg	32	30	46	20
Auignon	23	0	44	0
Auranches	18	50	48	40
Auranges	24	0	44	0
Autun	23	40	46	30
Aux	18	0	45	30
Auxerre	25	0	47	35
Badaioz en Portugal	5	20	39	0
Baden en Suisse	31	0	48	44
Baldach, ou Babylon	79	0	35	0
Bamberg	31	45	50	10
Barselonne en Espagne	17	15	41	30
Basle	28	0	47	10
Bayeux	20	10	50	20
Bayonne	17	0	44	40

Noms des villes & autres lieux.	Long. D.	Long. M.	Latit. D.	Latit. M.
Beauuais	22	30	51	20
Belgrade en Vngrie	45	0	44	30
Bengala és Indes	138	0	23	0
Berg en Noruegue	27	30	61	15
Berne	29	45	46	25
Beziers	21	30	43	30
Besançon	26	0	46	0
Bethlehem	65	45	31	50
Blaye	16	30	47	15
Blois	21	0	47	45
Bolduc en Brabant	26	40	51	45
Bolongne d'Italie	33	30	43	30
Bonne en Allemagne	27	40	50	56
Bordeaux	18	0	45	30
Bourges	20	15	46	40
Braga en Portugal	6	0	43	0
Brandebourg	35	30	52	36
Breme en Allemagne	31	30	55	20
Brianson	29	0	44	6
Bruges en Flandre	24	36	51	30
Brunsuic, ville de Saxe	32	40	53	20
Bruxelles	26	42	51	24
Bude	42	10	47	0
Burgos	12	0	42	48
Caen	20	15	49	0
Cahors en Quercy	18	0	47	15
Calahorre, ville de Nauarre	14	40	42	55
Calais	22	45	53	30
Callipolis, ou Galipolis	45	10	41	30

Noms des villes & autres lieux.	Long. D.	M.	Latit. D.	M.
Calicut és Indes	112	0	17	0
Cambray	22	15	52	30
Campen en Hollande	28	0	53	0
Calpe, mont de Gibaltar	7	30	36	10
Candie, ville & Isle	54	10	35	15
Cantabrige	20	50	52	30
Cantorbery	21	[illegible]	[illegible]3	40
Cap de bonne Esperance Aust.	50	[illegible]	35	0
Cap vert	13	[illegible]	8	0
Cap S. Vincent	2	3	[illegible]8	15
Capue, ville d'Italie	40	[illegible]	41	10
Carcassonne	21	[illegible]	43	30
Carpentras	23	4	44	6
Casius, mont	63	45	31	15
Cassel	31	0	52	10
Castre	21	51	44	0
Catene en Sicile	39	35	37	40
Chaalon en Champagne	25	30	49	0
Chalon sur Saone	22	50	45	40
Chambery	22	10	45	7
Chartres	21	40	48	15
Cleues	29	35	51	58
Colongne	27	40	51	30
Compostelle, S. Iacques	7	15	44	15
Condon	21	30	43	5
Confluence, ou Cobolens en Allemagne	27	30	50	36
Constance	28	30	47	30
Constantinople	56	0	43	5
Cordube en Espagne	9	40	[illegible]8	5

Noms des villes & autres lieux.	Long. D.	M.	Latit. D.	M.
Corinthe	51	15	36	55
Cracouie en Pologne	42	40	51	30
Cremone	32	0	43	40
Cuba, Isle	205	0	22	0
Cusco au Perou Aust.	212	0	15	0
Cyrene, ou Corena	50	0	31	20
Damas en Syrie	69	0	33	0
Dantzig, ville de Prusse	45	0	54	50
Daroca en Espagne	16	30	40	0
Dauentré en Allemagne	28	4	52	30
Dax	19	0	44	45
Dieppe	23	0	50	0
Dijon	25	45	47	0
Dole	18	30	49	5
Dublin, ville d'Irlande	14	0	59	30
Eborac en Angl.	20	0	57	20
Edembourg en Escosse	27	15	59	20
Ephese, ville de Ionie	57	40	37	40
Erford en Allemagne	34	30	51	15
Eslingue en Allemagne	30	0	48	35
Eureux	22	20	49	0
Ferrare	33	5	44	23
Florence	33	55	43	0
Fontarabie	13	30	44	15
Francfort, sur le Mein	30	0	50	30
Francfort, sur Odera	34	0	52	30
Fribourg en Suisse	28	12	47	4
Gades	6	20	22	20
Galée, ville de Sardaigne	30	30	37	45

Noms des villes & autres lieux.	Long. D.	M.	Latit. D.	M.
Gand en Flandre	25	18	51	24
Gennes	30	0	42	50
Genéve	27	15	45	0
Gergente, ville de Sicile	38	50	36	25
Goa és Indes	115	10	17	0
Gotlande, Isle	48	0	60	0
Granade en Espagne	11	0	37	40
Grenoble	23	0	44	40
Gueldre	27	40	52	20
Hamburg en Dannemarc	33	0	55	40
Hamaria en Noruegue	31	45	60	0
Heidelberg	28	0	51	0
Herbipol, ou Vuirtzburg en Franconie	30	10	50	0
Honfleur	20	15	51	20
Huescar en Espagne	5	0	37	15
Iapon, Isle	204	15	36	10
Iaua maior, Isle Aust.	150	8	10	15
Iaua minor, Isle Aust.	150	0	27	10
Ierusalem	66	0	31	40
Ilie, ou Troye en Asie	55	50	41	0
Imola	34	15	43	30
Ingolstad	32	10	48	40
Inspruck	32	50	45	30
Ioppe, ou Zapha, ville de Palestine	65	40	32	6
Iuliers, ou Iuliac	25	0	52	15
Iustinopolis en Histrie	35	43	45	55
Landshut, ville de Bauiere	31	0	48	20
Langres	26	15	46	20
Laon	24	45	48	55

Noms des villes & autres lieux.	Long. D.	M.	Latit. D.	M.
Laodicée de Syrie	68	30	35	5
Lansberg en Bauiere	59	15	48	40
Leyden en Hollande	26	30	53	20
Lausane	28	45	46	10
Leoburg, ville de Saxe	28	2	54	10
Leopolis, ou Leoburg en Rußie	48	15	50	30
Lepanthe d'Achaye	49	30	37	36
Lerida en Espagne	15	56	41	26
Lieges	22	0	50	50
Lima au Peru Aust.	280	15	12	10
Limoges	17	40	47	45
Lymbrick, ou Limeric en Irlande	13	10	60	0
Lisbone	5	10	39	38
Liuorne	33	30	42	30
Londres	20	0	54	0
Louuain	26	45	51	0
Lubec, ville de Saxe	34	0	54	48
Luçon	17	0	46	0
Lucerne en Suisse	26	0	46	34
Luneboug	34	30	54	50
Luque	33	0	43	20
Luxembourg	25	30	50	0
Lyon	23	15	45	50
Lysieux	19	30	51	25
Madrid en Espagne	11	40	41	10
Magdebourg	31	20	52	20
Magonce, ou Mayence	27	20	50	15
Malaca és Indes	160	0	4	15
Malaca en Espagne	8	50	37	30

Noms des villes & autres lieux.	Long. D.	M.	Latit. D.	M.
Malines en Brabant	26	50	51	15
Mantoüe	32	45	43	40
le Mans	20	45	49	20
Marpurg, ville de Hesse	30	10	51	0
Mariane en l'Isle de Corse	31	20	40	40
Marseille	24	30	43	6
Martegue	23	30	43	6
Mascon	26	10	45	30
Mecha en Arabie	65	36	29	20
Megara, ville d'Achaie	52	0	37	30
Melite, ou Malte	38	45	34	40
Meroé, ville & Isle d'Egypte	61	30	16	26
Messane en Sicile	39	30	38	30
Metz	25	30	47	20
Mexique	182	10	20	20
Milan	30	40	44	15
Mildebourg en Franconie	26	34	49	44
Misnie, ou Meyssen	38	10	51	40
Moluque, Isle	187	0	0	0
Montauban	21	30	43	30
Montpellier	22	15	42	50
Montreal en Franconie	31	20	50	15
Moscouie, ou Moskuua	75	10	61	15
Moulins	24	30	46	20
Munster	28	10	53	45
Nancy	25	50	46	40
Nantes	21	15	50	0
Naples	40	25	40	35
Narbone	21	0	43	0

Noms des villes & autres lieux.	Long. D.	M.	Latit. D.	M.
Nebie, en l'Isle de Corse	30	30	41	0
Nemours	24	20	46	30
Neubourg sur le Danube	31	45	48	4
Neuers	19	0	45	0
Neustad en Austriche	38	0	47	54
Nice en Bithinie	57	30	41	40
Nismes	22	0	44	30
Niniue	78	0	36	40
Noyon	24	0	49	30
Noremberg	31	30	49	0
Oleron	17	0	44	0
Olmuntza en Morauie	41	0	49	30
Onolsbache	32	0	49	33
Oppehenin, ville d'Allemagne.	27	30	50	0
Orcades, Isles	30	0	61	50
Orleans	20	40	48	0
Oxun, ou Oxford en Angleterre	19	0	54	15
Padeborne en Allemagne	29	20	53	20
Padoüe	32	50	44	30
Palerme en Sicile	37	0	37	0
Pampelune en Nauarre	15	0	43	0
Parenzo en Italie	35	20	44	56
Paris	23	30	48	30
Parme	32	0	43	30
Parpignan	20	0	43	30
Pataue, ou Passau en Bauiere	33	50	47	15
Pauie	31	0	44	0
Pembruch en Angleterre	15	10	53	50
Peluse, ou Damiette, ville d'Egypte	63	20	31	10

Noms des villes & autres lieux.	Long. D.	Long. M.	Latit. D.	Latit. M.
Pergame en Asie	57	25	39	45
Perigueux	19	50	46	50
Peruse	35	20	42	30
Phacusa, ville d'Arabie	63	10	30	50
Philadelphe de Lydie	59	0	58	50
les Philippines, Isles	170	10	12	15
Pesaro, ou Pisaurum en Italie	35	20	43	45
Pise	33	30	42	45
Plaisance	31	20	43	30
Poictiers	17	50	48	20
Pola en Italie	36	0	44	40
Portugal, ville de Portugal	5	20	41	45
Posnania en Pologne	42	0	52	45
Potentia en Italie	37	15	43	30
Prague	39	15	50	10
Pruge en Boheme	33	20	50	18
Quinsai	150	0	40	0
Quito au Peru	303	5	20	0
Raguse en Dalmatie	44	40	42	20
Rapta en Ethiopie Aust.	71	0	7	0
Ratisbone	32	15	47	10
Ravenne	34	40	44	0
Reims	23	45	48	30
Rennes	20	40	47	20
Rhodes, Isle	58	0	36	0
Riga, ou Rye en Livonie	65	10	59	15
Rochelle	16	30	46	40
Rome	36	40	41	40
Rostoch	39	0	55	36

Noms des villes & autres lieux.	Long. D.	M.	Latit. D.	M.
Roüen	22	40	50	0
Saulmur	19	10	49	15
Sagonce en Espagne	6	30	37	55
Salerne	40	0	40	20
Salisbourg, ou Saltzbourg en Bauiere	35	40	46	30
Salamanque en Espagne	8	50	40	15
Salueldie en Allemagne	33	45	50	46
Samos, Isle	52	40	41	15
Saragosse en Espagne	14	15	41	40
Sardes, ville de Sardaigne	30	15	38	50
Sauonne	29	20	43	40
Scutar en Dalmatie	40	30	44	0
Sedan	25	0	47	40
Segouie en Espagne	13	30	42	55
Sens	21	15	47	10
Sessa en Italie	38	40	41	26
Seuille en Espagne	7	15	37	50
Sienne en Italie	34	20	42	50
Siras, ville de Perse	91	0	33	20
Smirne en Asie	58	25	38	35
Soissons	23	30	48	50
Spire	27	40	49	50
Spolete	36	20	42	45
Stetin en Pomeranie	37	45	54	0
Strasbourg	27	50	48	45
Strigone	42	30	48	0
Syene, ou Asna	62	0	23	50
Syracuse en Sicile	39	30	37	15
Tarente en Italie	42	10	40	0

Noms des villes & autres lieux.	Long. D.	M.	Latit. D.	M.
Tarracon en Espagne	16	20	41	0
Tarsos, ou Terrasso en Cilicie	67	40	36	56
Taurus, mont	66	0	38	0
Thebe d'Afrique	62	30	29	30
Theodosia, ou Caffa	63	20	47	20
Thessalonique, ou Salonica en Macedoine	49	50	40	20
Tholose	20	30	44	15
Thyle, ou Islande, Isle	30	20	63	10
Tolete en Espagne	10	0	40	0
Tollon	24	50	42	50
Toul	26	30	47	0
Tournay	25	15	51	40
Tours	19	45	47	20
Trapeze, ou Trebesonde en Capadoce	70	45	43	6
Trente	33	40	43	45
Treues, ou Trier	26	0	49	10
Tripoly en Barbarie	42	0	31	40
Troye en Champagne	25	0	48	0
Tubinque en Allemagne	30	30	48	40
Tunes, ville d'Afrique	33	0	32	30
Turin	30	30	43	40
Tyuol en Italie	36	50	42	0
Valladolit en Espagne	10	10	42	0
Valence	23	0	44	20
Valence en Espagne	14	0	39	30
Vaterford en Irlande	13	30	58	0
Venise	34	0	45	0
Vendosme	20	45	49	20
Verdun	25	30	47	30

Noms des villes & autres lieux.	Long. D.	M.	Latit. D.	M.
Verone, ville d'Italie	33	0	44	0
Verseil en Piedmont	31	0	43	30
Vicenza en Italie	32	10	44	30
Vienne en Austriche	37	45	46	20
Vienne	23	0	45	0
Villach en Carinthie	36	0	45	45
Viterbe en Italie	34	0	42	30
Vlme en Allemagne	32	30	47	30
Volterre, ou Volterra en Italie	33	45	42	40
Vstic, ville & Isle	37	30	38	45
Vratislaue, ou Presslau en Allemagne	40	0	50	30
Vvorme en Allemagne	27	50	48	50
Xaintes	17	40	46	45
Zaba, Isle	135	0	0	0

Or la longitude & latitude de quelque lieu que ce soit estant cogneuë par le moyen de quelque table Geographique ou autrement, le sit & place d'iceluy lieu sera trouué sur le Globe terrestre, ainsi qu'il ensuit. Comptez sur l'equinoctial ou cercle des longitudes le nombre des degrez de la longitude du lieu proposé, en commençant au Meridien qui passe par les Isles fortunées, ou de S. Michel, selon le terme d'où commence la longitude dudit lieu proposé, & le degré où se terminera ladite longitude, estant soubs le Meridien du Globe, soit compté à iceluy Meridien les degrez de la latitude dudit lieu proposé, tirant de l'equateur vers le pole Artique, si ladite latitude est Septentrionale, mais vers le pole Antartique, si elle est Meridionale, & l'intersection du Meridien & du parallel terminant ladite latitude, monstrera le sit du lieu proposé.

CHAP. IV.

De la haulteur du Soleil, ou des Estoilles.

ALtitude ou haulteur est la distance du Soleil, ou de quelque Estoille à l'horison, nombrée au cercle majeur, qui passe par le sommet de quelque lieu, & par le corps du Soleil ou Estoille. Il est si notoire qu'il la faut obseruer par vn Rayon, Quadrãt, ou autre semblable instrument, que ce seroit en vain d'en admonester. Gemme Frison enseigne à obseruer la haulteur du Soleil par vn gnomon spherique. Mais ceste façon d'obseruer ne plaist pas beaucoup, estant subjecte à plusieurs erreurs : ceux qui l'experimenteront le trouueront facilement. *Que c'est qu'altitude.*

CHAP. V.

Comme il faut trouuer le lieu du Soleil, & la declinaison d'iceluy à vn iour donné.

CHerchez le iour cogneu du mois au Calendrier, qui est descrit sur l'horison des Globes: Le signe du Zodiaque & son degré, lequel le Soleil occuppe au mesme iour, luy correspond directement au mesme horison. Mais si l'année est bissextille apres le 28. Feurier, prenez le degré d'iceluy signe, qui est adscrit & dedié au iour qui suit prochainement le iour donné. Comme si tu veux sçauoir quel degré du Zodiaque le Soleil obtient au vingt-neufiesme iour de Feurier, il faut prendre le degré qui est adjoinct au premier iour de Mars, & pour le premier de Mars, prend le second, & ainsi consecutiuemẽt. Toutesfois ie te conseillerois plustost que (puis que le lieu du Soleil doibt estre diligemment cherché) tu cherchasses le lieu du Soleil dans des tables bien calculées à chasque iour de chasque année, lesquelles on appelle communémẽt Ephemerides : Car il ne se pourra trouuer par la pratique des Globes en telle diligence qu'il est necessaire.

Applique au Meridien le lieu du Soleil trouué, & compte au Meridien les degrez par lesquels le lieu du Soleil est distant de l'equateur : car la declinaison Solaire au iour donné sera d'autant de degrez. La declinaison du Soleil ou de quelque Estoille, est la distance d'elle-mesme à l'equateur nombrée au Meridien. Nous trouuerons la declinaison du Soleil beaucoup plus exactement par le moyen des tables dont vsent les Pillottes, ausquelles est exprimé quelle & combien grande est la declinaison Meridienne du Soleil à chasque iour. I'ay à vous aduertir d'vne chose en passant touchant ces tables, c'est que vous-vous seruiez des plus recentes & nouuelles : Car toutes (apres quelque espace de temps) sont subiectes à erreur. Et de ce ie vous donne aduertissement, parce que i'ay veu quelqu'vns qui vsent des plus anciennes tables, descrites & eslabourées auec grand soing & diligence, & ne veulent par ie ne sçay quelle superstition s'en despartir ou esloigner, encore que le plus souuent elles soiēt esloignées de la verité d'enuiron 10. minutes, & quelquesfois de d'auantage, selon le calcul & supputation des modernes. Ceux-cy s'acquierent par grand trauail & industrie de grandes erreurs, lesquelles ne sont point à negliger.

Que c'est que declinaison.

Nostre autheur dit bien que pour auoir exactement le vray lieu du Soleil, il le faut trouuer par le moyen des Ephemerides annuelles, mais on le pourra aussi sçauoir par le moyen d'vne table mise en nostre Cosmographie, où le lecteur aura recours, afin de trouuer precisément le lieu du Soleil à chasque iour & heure donnée. Il y a aussi vne autre table par le moyen de laquelle on trouuera la declinaison du Soleil, ou de quelconque poinct de l'Ecliptique proposé : Et comme nous auons là en-

seigné la conuerse de ceste proposition, sçauoir est comment il faut trouuer le iour correspondant au signe & degré du lieu du Soleil, ou à quelconque declinaison d'iceluy, aussi ferons-nous icy sur les Globes. Estant donc proposé le lieu du Soleil, soit cherché sur l'horison du Globe le signe & degré d'iceluy Soleil, & vis-à-vis sera trouué le iour correspondant audit lieu du Soleil. Mais la declinaison du Soleil estant donnée, si on veut sçauoir le signe & degré de l'Ecliptique, & aussi le iour correspondant à icelle declinaison, les degrez d'icelle declinaison soient nombrez au Meridien, tirant de l'equateur vers le pole Artique ou Antartique, selon le tiltre & denomination de ladite declinaison proposée: en-apres soit tourné le Globe iusques à ce que quelque poinct de l'Ecliptique se trouue au Meridien auec le degré terminal de ladite declinaison proposée: & l'ayant trouué, on procedera comme dessus pour trouuer le iour correspondant à ladite declinaison, ou lieu du Soleil trouué. Mais est à notter, qu'à cause que deux poincts de l'Ecliptique, également distans des poincts Solsticiaux, ont mesme declinaison, on ne pourra determiner auquel des poincts appartiendra ladite declinaison proposée, sinon qu'on le cognoisse d'ailleurs.

Nous auons aussi enseigné en nostredite Cosmographie, comme il faut obseruer la plus grande declinaison du Soleil, & le moyen de supputer la declinaison de chasque poinct de l'Ecliptique, par les triangles spheriques, & en dresser table, c'est pourquoy pour n'vser de repetition nous dirons seulement qu'ayant pris sur le compas de proportion la corde du double de la plus grande declinaison du Soleil, & icelle mise à l'ouuerture de 180. degrez, si on prend l'ouuerture de la corde du double des degrez de l'arc par lequel le poinct de l'Ecliptique proposé est distant de l'vn ou l'autre poinct des Equinoxes, la moitié d'icelle donnera la declinaison du poinct proposé. La conuerse est facile.

CHAP. VI.

Pour trouuer la latitude d'vn lieu, apres auoir obſerué la haulteur Meridienne du Soleil, ou des Eſtoilles.

IL faut obſeruer la haulteur Meridienne du Soleil par le moyen d'vn ray ou baſton de Iacob, quadrãt, ou quelque autre ſemblable inſtrument, & appliquer au Meridien le lieu du Soleil trouué en l'Ecliptique du Globe, puis tourner le Meridien, ça & là placé en ſes eſchancrures ou fentes, iuſques à ce que le meſme lieu du Soleil ſoit eſleué ſur l'horiſon d'autant de degrez qu'il y en a en la haulteur obſeruée du Soleil : En ce ſit du Globe, le pole éminent ſur l'horiſon monſtrera la latitude du lieu auquel tu ſeras. Exemple de cecy.

Le 12. iour de Iuin, ſuiuant l'aucien ſtile, le Soleil obtient le commencement de Cancer, & a la plus grande declinaiſon vers Septentrion, aſſauoir de 23. degrez & demy. Qu'à ce iour là la haulteur Meridienne du Soleil ſoit obſeruée de 50. degrez. Nous demãdons la latitude du lieu auquel a eſté faite ceſte obſeruation. Nous la trouuerons en ceſte ſorte. Adioignõs au Meridien le commencement de Cancer, lequel nous tournerons deça & delà, iuſques à ce que le meſme commencement de Cancer, appliqué au Meridien ſoit eſleué ſur l'horiſon de 50. degrez, autant qu'il y en a en la haulteur Meridienne du Soleil obſeruée. En ce ſit & ſituation du Globe, le pole Boreal ſera eſleué de 63. deg. & demy, & autant ſera la largeur du lieu auquel ceſte obſeruation a eſté faite.

Le moyen par lequel les Pillottes ont couſtume de chercher les largeurs des lieux par les haulteurs

Meridiennes du Soleil,&tables des declinaisons,n'est pas guere dissemblable,lequel moyen nous laisserons à part,parce que son explication n'est pas de nostre subject,& est tellement cogneu,qu'il n'est pas necessaire d'en traicter icy.

Tu feras le mesme,ayant obserué la haulteur Meridienne de quelque Estoille exprimée au Globe. Car si tu constitue le Globe de telle sorte que l'Estoille obseruée estant appliquée au Meridien, soit autant distante de l'horison ,qu'est sa haulteur Meridienne obseruée,l'esleuation du pole sur l'horison monstrera la latitude du lieu. Mais i'aduerty que tu cherche les latitudes des lieux plustost par la haulteur Meridienne du Soleil,que par les haulteurs des Estoilles fixes, parce que les declinaisons des Estoilles,comme nous auons prouué, se changent beaucoup,sinon celles qui sont restituées à leurs lieux & places,par nouuelles & recentes obseruations.

Pour trouuer exactement lesdites latitudes des lieux,il ne faut pas simplement obseruer la haulteur Meridienne du Soleil ou des Estoilles, puis à icelle adiouster ou soustraire la declinaison trouuée és tables,comme fait le vulgaire, mais doibt estre icelle haulteur Meridienne corrigée & emendée, tant à cause du parallaxe que refraction,comme nous auons enseigné en nostre Cosmographie.

Quelqu'vns se promettent de faire le mesme,non seulement par la haulteur Meridienne du Soleil ou d'vne Estoille,mais aussi par double obseruation d'iceluy,ayant cogneu l'interual du temps,ou la distance horisontalle d'entre les deux obseruations. Mais ceste pratique est longue & doubteuse,outre que la multitude des obseruations est subjecte à plusieurs erreurs & difficultez.

Toutesfois en ce genre,ie n'ay pas cogneu de methode plus facile que celle qui suit.

Estant cogneu le lieu du Soleil ou d'vne Estoille, & obserué double haulteur d'icelle, auec vn interual de temps, trouuer la latitude du lieu.

Premierement, ayant pris entre les iambes d'vn cōpas le complement de la haulteur de la premiere obseruation, (or le complement de haulteur est la difference par laquelle la haulteur obseruée est moindre de 90. deg.) nous posons vn pied du compas en ce degré là de l'Ecliptique, que le Soleil occupe ce iour là, & auec l'autre pied nous marquons vn arc de peripherе en la superficie du Globe, se tournant en quelque façon vers Occident, si l'obseruation est faite deuant midy, ou vers Orient, si elle est faite apres midy. Mais la seconde obseruation estant faite, & ayant remarqué l'interual du temps, le lieu du Soleil estant appliqué au Meridien, qu'on tourne le Globe vers Orient, iusques à ce qu'autant de degrez passent par le Meridien, qu'il y en aura qui conuiendront à l'espace du temps escoulé entre les deux obseruatiōs, nombrant à chasque heure 15. degrez equinoctiaux, & le lieu estant marqué au parallel de la declinaison Solaire, lequel le Meridien entrecouppe apres ceste conuersion: & ayant fiché au mesme lieu vn pied du compas estendu, iusques au complement de la seconde obseruation, qu'on descriue vn arc de periphere, entrecouppant la premiere periphere. La commune intersection de ces peripheres monstrera le sommet ou zenith du lieu auquel tu seras, duquel si tu nombre la distance depuis l'equateur iusques au Meridien, la latitude du lieu sera manifeste & apparente.

Tu effectueras le mesme, si tu operé en la mesme façon auec quelque Estoille donnée, & deux fois obseruée, ou si selon le complement de deux Estoilles obseruées en mesme temps tu descris deux circonferences s'entrecouppans l'vne l'autre.

Nous auons aussi enseigné en nostre Cosmographie à trouuer par les triangles sphériques & compas de proportion lesdictes latitudes des lieux, deux obseruations faites en vn iour estant données, auec l'arc horisontal d'entre lesdites deux obseruations ; c'est pourquoy nous n'en dirons rien icy, afin de n'vser de longue repetition.

Chap. VII.

Pour trouuer l'ascention droicte & oblique du Soleil & des Estoilles à quelque temps, & latitude de lieu donné que ce soit.

Ascention du Soleil, ou d'vne Estoille, est le degré de l'equateur, lequel sort auec eux-mesme sur l'horison. *Descention* est le degré de l'equateur, lequel s'abbaisse auec eux-mesme soubs l'horison. L'vne & l'autre est *droicte* ou *oblique*. La *droicte* est le degré de l'equateur qui monte ou qui descend auec le Soleil, ou Estoille, en la sphere droicte. *L'oblique* est celuy qui se monstre ou se cache auec eux-mesme en la sphere oblique. Celle-là est simple, car il n'y a qu'vn sit ou situation de la sphere droicte : Celle-cy est multiple & diuerse, selon les diuerses manieres que la sphere est inclinée. *Que c'est qu'ascention & descentiõ.* *Ascentiõ droicte.* *Oblique.*

Ceste ascention & descention est appellée par aucuns, leuer & coucher Astronomique : Et iceluy est consideré au respect d'vn poinct de l'Ecliptique, ou d'vne Estoille, ou bien d'vn signe ou autre arc de l'Ecliptique. Le leuer ou ascention d'vne Estoille, ou d'vn poinct de l'Ecliptique, est l'arc de l'equateur, nombré selon l'ordre & suitte des signes, depuis le commencement d'Arses, iusques à l'horison, lors que l'Estoille, ou poinct de l'Ecliptique atteint ledit horison en la partie Orientalle : Et la descention ou coucher d'vne Estoille, ou du poinct de l'Ecliptique, est l'arc de l'equateur, compté selon l'ordre des signes depuis le commencement d'Aries, iusques à l'horison, lors que ladite Estoille, ou poinct de l'Ecliptique, atteint l'horison en la partie Occidentalle. Mais l'ascention ou leuer d'vn signe, ou autre arc de l'Ecliptique, est l'arc de l'Equateur qui se leue sur l'horison, quant & quant ledit signe, ou arc : Et la descention ou coucher d'vn signe ou autre arc de l'Ecliptique, est l'arc de l'Equateur qui se cache soubs l'horison, quant & quant ledict signe ou arc de l'Ecliptique. Et lors que l'arc de l'equateur coascendant ou descendant auec le signe ou arc de l'Ecliptique, est plus grand qu'iceluy arc, ledit arc de l'Ecliptique est dict se leuer ou coucher droictement ; & lors qu'il est moindre, obliquement.

Or les accidens & differences des ascentions & descentions qui aduiennent en la sphere droicte sont telles: Premierement l'ascention de quelconque signe, ou autre arc du Zodiaque, est égale à la descention d'iceluy. Secondement, les quatre quartes de l'Ecliptique & de l'equateur, distinguées par les deux collures, se leuent & couchent en temps égal ; & les parties de chacune d'icelles en temps inégal, tellement que les arcs qui sont plus proches des poincts Solsticiaux, sont plus long temps à se leuer & coucher que ceux qui sont plus pres des poincts Equinoctiaux. 3. Les signes ou autres arcs égaux, & également distans de l'vn ou l'autre des equinoxes, ou des Solstices, ont égales ascentions & descentions, dont s'ensuit que les signes opposez ont égales ascentions, & par consequent qu'il y a tousiours quatre signes qui ont égales assentions. 4. Qu'il y a seulement quatre signes qui se leuent & couchent droictement, sçauoir est ♊, ♋, ♐, ♑, c'est à dire qu'auec chacun d'iceux se leuent plus de 30. degrez de l'equateur; & les autres huict se leuent & couchent obliquement.

Mais les accidens & differences des ascentions & descentions qui aduiennent en la sphere oblique sont telles : Premie-

rement, il n'y a que les deux moitiez du Zodiaque, terminées par les poincts equinoctiaux, qui ayent égales ascentions & descentions : Et toutesfois les parties de chascune d'icelles moitiez ont inégales ascentions. 2. Les ascentions des signes ou autres arcs Septentrionaux sont moindres en la sphere oblique qu'en la droicte, mais celles des Meridionaux plus grandes. 3. Les signes ou autres arcs qui se leuent droictement, se couchent obliquement, & au contraire. 4. L'ascention d'vn signe ou autre arc de l'Ecliptique est égale à la descention du signe ou arc opposé & égal; & au contraire. 5. Les ascentions de signes, ou autres arcs égaux & opposez, iointes ensemble, sont égales aux ascentions d'iceux en la sphere droicte. 6. Les signes, ou autres arcs égaux, & également distans de l'vn ou l'autre des Solstices, ont leurs ascentions prises ensemble, égales aux ascentions des mesmes, prises ensemble en la sphere droicte. 7. Les signes, ou autres arcs égaux, & également esloignez de l'vn ou l'autre des equinoxes, ont égales ascentions. 8. L'ascention & descention d'vn signe ou autre arc prises ensemble, sont égales à l'ascention & descention du signe, ou arc égal & opposé, prises ensemble. Ces choses expliquées, venons à nostre autheur.

Si tu desire cognoistre la droicte ascention, ou descention de quelque Estoille à quelque temps & lieu donné, adjoinct au Meridien materiel du Globe l'Estoille donnée, & le degré de l'equateur, que le Meridien entrecouppe en ce sit, monstrera l'ascention, ou descention droicte : Car le mesme degré qui se leue auec quelque Estoille en la sphere droicte, se couche aussi, & medie le ciel auec la mesme Estoille.

Si tu veux cognoistre l'ascention, ou descention oblique, constitue le Globe à la latitude du lieu, & applique l'Estoille à la partie Orientalle de l'horison, l'horison monstrera en l'equateur le degré de l'ascention oblique. Adjoinct aussi la mesme Estoille en la partie Occidentalle,& l'horiſon monſtrera en l'equateur la deſcention oblique. Il faut trouuer en la meſme maniere l'aſcention oblique du Soleil, ou de quelconque degré de l'Ecliptique, ayant premierement cogneu des choſes ſuſdites le lieu du Soleil. D'icy on pourra trouuer la difference de l'aſcention droicte & oblique. D'où vient la diuerſe longueur des iours.

Comme pour exemple: L'vnzieſme iour de Decembre, ſelon l'ancien Calendrier, le Soleil obtient le premier degré de Capricorne: Ie veux que l'on cognoiſſe l'aſcention droicte & oblique de ce degré de l'Ecliptique en la latitude de 52. degrez. Applique donc au Meridien le premier degré de Capricorne, là où le Meridien entrecouppera le 180. degré de l'equateur, qui ſera le degré de l'aſcention droicte. Mais ſi ayant conſtitué le Globe à la latitude de 52. degrez, tu adjoints le meſme degré du Capricorne à l'horiſon, tu trouueras qu'auec luy ſe leueront 303. degrez de l'equateur, & preſque 50'. & la difference des aſcentions (ſçauoir de 270. deg. de la droicte, & 303. deg. 50'. de l'oblique) ſera de 33. deg. 50'.

Nous auons enſeigné en noſtre Coſmographie, comme il faut trouuer, tant par les triangles ſpheriques, qu'auec le compas de proportion, l'aſcention & deſcention, tant droicte qu'oblique des Eſtoilles, dont la longitude & latitude eſt cogneuë, comme auſſi leur declinaiſon. Item, l'aſcention droicte & oblique du Soleil, ou de quelconque poinct de l'Ecliptique: & dreſſé tables d'icelles aſcentions à diuerſes latitudes, par le moyen deſquelles tables on ſçaura facilement & exactement leſdites aſcentions & deſcentions: c'eſt pourquoy nous dirons ſeulement icy, qu'ayant pris ſur le compas de proportion la corde du double au complement de l'arc proposé, & mis icelle à l'ouuerture de 133. deg. double du complement de la plus grande declinaiſon, l'ouuerture de 180. degrez don-

nera la corde du double du complement de l'ascention droicte dudit arc proposé, iceluy estant moindre que le quadrant, & commençant au commencement d'Aries: Car s'il estoit quadrant, son ascention droicte seroit 90. degrez: Et s'il estoit plus grand que le quadrant, mais moindre que 180. degrez, il le faudroit soustraire du demy cercle, puis trouuer l'ascention du reste, laquelle estant trouuée, il faudroit derechef oster de 180. degrez, & resteroit l'ascention requise. Mais l'arc proposé estant plus grand que le demy cercle, & moindre que 270. degrez, il en faudra soustraire 180. degrez, & du reste en trouuer l'ascention, comme dit est cy-dessus, laquelle soit adioustée à 180. degrez, & viendra l'ascention droicte requise: & finablement si ledit arc estoit plus grand que 270. degrez, il le faudroit oster de 360 degrez, puis trouuer l'ascention droicte du reste, comme dit est cy-dessus, laquelle estant soustraite de 360. deg. restera l'ascention droicte requise. Que si ledit arc proposé ne commençoit à la section vernalle, il faudroit trouuer deux ascentions, sçauoir celle de l'arc, commençant à ladite section, & finissant au commencement du proposé, & celle commençant à ladite section, & finissant auec l'arc proposé: & celle-la estant ostee de celle-cy, resteroit l'ascention requise.

Chap. VIII.

Comment on trouue à vn temps & lieu donné la difference horisontale d'entre le Meridien & le cercle vertical du Soleil, ou de quelque Estoille, qu'on nomme Azimuth.

APres auoir obserué la haulteur du Soleil, ou d'vne Estoille à quelque heure que ce soit, tourne le Globe disposé à la latitude du lieu, iusques à ce que l'Estoille obseruée, ou le lieu du Soleil soit autãt esleué sur l'horison, qu'est la haulteur obseruée. Or tu trouueras cecy, si tu remuë la quarte de haulteur affigée au sommet du lieu donné, auec l'Estoille, ou lieu du Soleil deça & delà, iusques à ce qu'il tombe au mesme degré de la quarte, que celuy que tu as remarqué en l'instrument par l'obseruation. En ce fit, le bout de la quarte à l'horison monstrera la distance du cercle vertical, auquel tu as obserué le Soleil, ou l'Etoille, iusques au Meridien. Comme par exemple.

En la latitude boreale de 51. deg. l'vnziesme iour de Mars, suiuant l'ancien Calendrier, auquel temps le Soleil occuppe le commencement d'Aries, qu'on ait obserué sa haulteur deuant midy de 30. degrez sur l'horison: On demande l'Azimuth ou distance du Soleil au Meridien. Ayant premierement posé le Globe à la latitude de 51. deg. & affigé le quadrant de haulteur au sommet, qu'on tourne par-apres le Globe, iusques à ce que le commencement d'Aries soit esleué sur l'horison de 30. degrez: le quadrant de haulteur estant appliqué au mesme commencement d'Aries, monstrera en l'horison l'Azimuth du Soleil, ou la distance au Meridien estre presque 45. degrez.

Nous auons enseigné en nostre Cosmographie à trouuer ledit arc de l'horison, tant par les prop. 82. & 86. de nos triangles sphériques, qu'auec le compas de proportion: c'est pourquoy nous ne repeterons icy ce qu'auons dit là.

CHAP. IX.

Pour trouuer l'heure, & aussi l'amplitude du leuer & coucher du Soleil & des Estoilles, à quelque temps donné, & à la latitude de quelque lieu.

NOus voyons le Soleil se leuer & coucher en diuerses parties de l'horison, és diuerses saisons de l'année. Or il a trois leuer & coucher insignes, & grãdement differents. Ce lieu là auquel le Soleil se leue ou couche, lors qu'il parcourt l'equateur est dit leuer ou coucher equinoctial. Le Solsticial est le leuer ou coucher du Soleil, lors qu'il descrit le tropique d'Esté. Le Brumal, là où il se leue ou couche, quand il obtient le tropique d'hyuer. Ce leuer & coucher equinoctial est simple & vnique en tout climat : car l'equateur entrecouppe tousiours l'horison en mesmes poincts, lesquels sont distans du Meridien par 90. deg. de part & d'autre. Les autres, selon la diuerse inclination de la sphere, sont diuers & muables, & les heures diuerses.

Les Astronomes appellent ce poinct là, auquel l'equateur couppe l'horison en la partie Orientale, vray Orient, ou leuer equinoctial, mais vray Occident, ou coucher equinoctial, ce poinct là auquel l'equateur couppe l'horison en la partie Occidentalle. Et quand le Soleil, ou autre astre ne se leue ou couche en tel poinct, il est dit auoir amplitude Orientalle, ou Occidentalle : tellement que l'amplitude ou latitude Orientalle, ou Occidentalle de quelque astre, est l'arc de l'horison, compris entre le poinct du leuer ou coucher dudit astre, & le poinct du vray leuer ou coucher. Et est à notter qu'en tout climat, l'amplitude Orientalle de quelque astre que ce soit, est égale à l'amplitude Occidentalle du mesme astre. Item que deux astres esloignez également de l'Equateur, sçauoir est l'vn estant vers Septentrion, & l'autre vers Midy, ou bien l'vn & l'autre vers Septentrion, ou vers Midy, ont égales amplitudes Orientales & Occidentales, d'où vient que les amplitudes Orientales & Occidentales des poincts d'vn quadrant de l'Ecliptique sont égales à toutes les amplitudes de tous les poincts qui se trouuent és autres quadrans : tellement qu'il y a tousiours quatre poincts de l'Ecliptique, desquels les amplitudes Orientales & Occidentales sont égales.

Or si à quelque temps & latitude de lieu donnée, tu

desire cognoistre l'heure & distance du coucher ou le-uer Solsticial & Brumal, ou de quelques entremoyens (laquelle on appelle amplitude Orientale ou Occi-dentale) tu opereras ainsi. Premierement, il faut dis-poser le Globe selon la latitude du lieu: par-apres ad-joints au Meridien le lieu du Soleil cherché pour le temps donné, & applique la poincte de l'Index horai-re sur douze heures du Cycle horaire: Et ayant tour-né le Globe iusques à ce que le lieu du Soleil touche l'horison vers Orient, l'Index monstrera au cercle ho-raire l'heure du leuer, le lieu du Soleil monstrera en l'horison l'amplitude du leuer, laquelle, comme nous auons dit, il faut nombrer depuis le mesme poinct d'Orient ou intersection de l'equateur & de l'horison. Si on tourne le Globe iusques à ce que le mesme lieu du Soleil se ioigne à l'horison vers l'Occident, l'heure du coucher, & l'amplitude Occidentale se trouueront par vn mesme moyen.

Si au mesme temps, & à la mesme latitude tu veux cognoistre l'heure & l'amplitude du leuer & coucher, & aussi la mediation du ciel de quelque Estoille expri-mée au Globe, tourne le Globe (la latitude & situatiō de l'Index, demeurant là mesme qu'auparauant) ius-ques à ce que l'Estoille donnée se ioigne à l'horison, ou vers l'Orient, ou vers l'Occident; l'heure & la la-titude du leuer & du coucher se trouueront de mesme façō qu'au Soleil. Que si tu applique la mesme Estoil-le au Meridien, paroistra l'heure du passage de l'Estoil-le par le Meridien, laquelle nous appellons mediation du ciel. Or soit icy vn exemple du temps, & aussi de l'amplitude du leuer & coucher du Soleil.

Le Soleil occuppant le commencement de Taurus (ce qui aduient de nostre temps, enuiron l'vnziesme iour d'Auril, selon le stile ancien) ie desire cognoistre l'heure & l'amplitude du leuer & coucher du Soleil à la latitude boreale de 51. deg. Afin que nous cognoissions cecy, qu'on constituë le Globe en sorte que le pole Septentrional soit esleué de 51. degrez sur l'horison : En-apres qu'on adjoigne le premier degré du Taureau au Meridien, & qu'on mette l'Index horaire sur douze heures du cycle Solaire : Finablement le Globe estant tourné vers l'Orient iusques à ce que le cõmencement du Taureau atteinde l'horison, nous trouuerõs que ce poinct touchera l'horison en la partie boreale, presque à 25. deg. du vray poinct d'Oriẽt, & telle sera l'amplitude du leuer du Soleil ce iour là : Mais l'index des heures monstrera quatre heures & demy au cercle horaire, auquel temps nous disons que le Soleil se leue ce iour là.

Nous auons dit en nostre Cosmographie, que ladite amplitude du Soleil, ou de quelconque poinct de l'Ecliptique, dont la declinaison est donnée, se trouue à quelconque esleuation de pole proposé, par la 71. prop. de nos triangles spheriques, & aussi auec le compas de proportion, sçauoir est que mettant la corde du double de la declinaison du poinct donné à l'ouuerture de la corde du double du complement de l'esleuation du polle du lieu proposé, l'ouuerture de 180. degrez donnera la corde du double de l'amplitude demandée.

CHAP. X.

Du triple leuer & coucher des Estoilles.

OVtre l'emersion & depression iournaliere des Estoilles soubs l'horison, par la conuersion & tournement du monde, on a accoustumé de considerer leur leuer & coucher en trois sortes, sçauoir est celuy du matin ou Cosmic, celuy du soir ou Acronique, & l'Heliaque ou Sollaire. Le leuer matutin de quelque Eſtoille, eſt lors qu'vne Eſtoille ſe leue ſur l'horiſon auec le Soleil : Le coucher matutin eſt lors que quelque Eſtoille ſe couche, le Soleil ſe leuãt vis-à-vis. Le leuer du ſoir, eſt lors que le Soleil ſe couchant, vne Eſtoille ſe leue vis-à-vis ſur l'horiſon. Le coucher, eſt quand le Soleil ſe couchant, vne Eſtoille s'abbaiſſe ſoubs l'horiſon. Le leuer heliaque (lequel on pourroit dire apparant) eſt lors qu'vne Eſtoille, laquelle eſtant auparauant illuminée des rayons du Soleil, ne ſe pouuoit voir, ſort des meſmes rayons. Le coucher heliaque (qu'on peut appeller occultation) eſt lors que le Soleil par ſon propre mouuemẽt, ſuit quelque Eſtoille : tellement qu'à cauſe de la ſplendeur de ſes rayons, elle ne peut eſtre veuë.

Il y a de deux ſortes de leuer & coucher des Aſtres & Eſtoilles ; l'vn deſquels, qui eſt conſideré au reſpect de l'horiſon & de l'equateur, & appellé par les Aſtronomes aſcention & deſcention, a eſté expliqué au chap. 7. Et l'autre, duquel eſt icy parlé, eſt conſideré au reſpect du Soleil & de l'horiſon, & eſt vulgairement appellé leuer & coucher poëtique, pource que les Poëtes ſe ſeruent ſouuentesfois de ce genre de leuer & coucher des ſignes & Eſtoilles, quand ils veulent deſcrire & exprimer les ſaiſons, mois, & autres parties de l'année, comme on peut voir és eſcrits des anciens Poëtes, & Hiſtoriens des choſes ruſtiques & naturelles, & principalement en la 1. Georg. de Virgile, & au 4. des Eneides; au 2. & 4. liure de la Pharſalique de Lucain; au 1. & 2. des faſtes d'Ouide, & en la 9. Elegie du liure de Ponto; en Collumelle l. 9. ch. 2. & 9. & au l. 11. ch. 2. en Pline l. 11. ch. 40. & l. 18. ch 26. en Polybe au commencement du 5. l. en Ariſtote l. 2. ch. 5. des Meteores, & en pluſieurs autres endroits des eſcrits d'iceux autheurs.

Pluſieurs veulent que les Eſtoilles fixes de la premiere grandeur ſe leuent & paroiſſent, ſi elles demeurent en l'hemiſphere ſuperieur, lors que le Soleil eſt abaiſſé de 12.degrez ſoubs l'horiſon : Mais les Eſtoiles de la ſeconde grandeur requierent la dépreſſion du Soleil eſtre de 13. degrez : celles de la troiſieſme grandeur requierent que ladite dépreſſion du Soleil ſoit de 14.deg. celles de la quatrieſme de 15. celles de la cinquieſme de 16. celles de la ſixieſme de 17. Les nebuleuſes & obſcures de 18.degrez. Ptolomée n'a rien definy en cecy : il admoneſte bien de la difficile determination d'icelle, chap. dernier du l.8. de l'Almageſte. Il a bien aduerty que par l'inégale diſpoſition de l'air ſe fait ceſte inégale diſtance du Soleil à l'émerſion & occultation des Eſtoilles. De ceſte commune ſentence il nous vient vn ſcrupulle, pourquoy Vitellion requiert la dépreſſion du Soleil ſoubs l'horiſon eſtre 19. degrez, afin que le crepuſcule du ſoir finiſſe. Mais à grand' peine perſuaderont-ils que les nebuleuſes & obſcures ſe puiſſent voir deuant que le crepuſcule ſoit finy. Or quoy que s'en ſoit, ſuiuons la commune opinion.

Si donc tu veux cognoiſtre le temps de l'année, auquel quelque Eſtoille en quelque climat que ce ſoit, ſe leue ou couche le matin ou le ſoir, il te le faudra chercher ainſi. Adjoints l'Eſtoille donnée à l'horiſon du Globe conſtitué à la latitude du lieu à la partie Orientale de l'horiſon, ſera monſtré le degré de l'Ecliptique, auec lequel l'Eſtoille donnée ſe leue Coſmiquement, & ſe couche Acroniquement : & vis-à-vis vers l'Occident, l'horiſon monſtrera le degré de l'Ecliptique, auec lequel l'Eſtoille donnée ſe leue acroniquement, & ſe couche coſmiquement. Car le leuer coſmique, & le coucher acronique, pareillement le coucher coſmique, & le leuer acronique ſont les meſmes, ſuiuant les verſets communs :

Le ſigne qui ſe couche coſmiquement, ſe leue acroniquement :

Le signe qui se couche acroniquement, se leue cosmiquement.

Mais il les faut entendre plus au large : Car vne Estoille ne se leue pas le matin, & se couche le soir auec le mesme degré de l'Ecliptique. Les Estoilles austrines deuancent le degré de leur leuer en leur coucher : les boreales le suiuent, si le pole boreal est esleué sur l'horison : Le contraire aduient, si le pole austral apparoist. Or ayant trouué le degré de l'Ecliptique, auec lequel l'Estoille donnée se leue & couche, si tu cherche le degré du mesme signe en l'horison, tu trouueras le mois & le iour exprimé, auquel le Soleil occuppe le mesme.

Le leuer & coucher heliaque se trouuera en ceste façon. Le Globe estant disposé à la latitude du lieu, tu appliqueras à l'horison l'Estoille donnée vers l'Occident, & vis-à-vis vers l'Orient tu chercheras le degré de l'Ecliptique, lequel est esleué sur l'horison de 12. 13. 14. degrez, ou de quelque autre distance que ce soit, laquelle la grandeur de l'Estoille requiert. Lors que le Soleil aura occupé l'opposite de ce degré, ceste Estoille là se couche heliaquement, ou bien elle est cachée par la splendeur des rayons du Soleil. Si au contraire l'Estoille estant appliquée à l'Orient tu cherche le degré de l'Ecliptique, lequel vis-à-vis vers l'Occident paroist esleué d'autant de degrez sur l'horison, lors que le Soleil aura occuppé son opposite, l'Estoille se leue heliaquement, ou sort hors des rayons du Soleil. Or si tu cherches ces degrez de l'Ecliptique sur l'horison, paroistra le mois & le iour d'iceluy, auquel le Soleil obtient ces degrez. D'où sera manifesté le temps de l'occultation & émersion de ceste Estoille. Cecy soit pour exemple, mais de l'occultation d'vne Estoille fixe de la premiere grandeur. L'émersion se trouue par l'inuerse de ceste operation.

Syrius eſt vne Eſtoille luiſante en la bouche du chien majeur : Son coucher heliaque,ou occultation ſe doibt chercher à la latitude borealle de 51. degrez. Or Syrius(eſtant vne Eſtoille de la premiere grãdeur) ſe cache lors qu'il touche l'horiſon en l'hemiſphere ſuperieur,le Soleil eſtant déprimé de 12.deg.deſſoubs l'horiſon.Si donc tu adjoints ceſte Eſtoille à l'horiſon vers l'Occident(le Globe eſtant premierement conſtitué ſelon la latitude boreale de 51. degrez) & cherches vis-à-vis vers l'Orient le degré de l'Ecliptique, ayant pris vn moindre interual de 12.degrez ſur l'horiſon éminent (car il eſt preſque 11.deg. du Scorpion) lors que le Soleil aura occuppé le degré opposé en l'Ecliptique,c'eſt à dire l'vnzieſme degré du Taureau ; ceſte Eſtoille là eſt cachée des rayons du Soleil. Or le Soleil obtient ce degré du Taureau enuiron le 21. d'Auril,enuiron lequel temps nous diſons que le coucher de Syrius eſt heliaque. Si tu opere en meſme façon, adiouſtant ceſte Eſtoille à l'horiſon vers l'Orient,ſon leuer heliaque ou émerſion ſe monſtrera.

Par meſme & ſemblable maniere on doit chercher les commencemens & fins des crepuſcules : Or enſuit icelle.

Chap. XI.

Pour trouuer le commencement & la fin des crepuſcules à quel temps donné,& latitude de lieu qu'on voudra.

ON definit le crepuſcule vne lumiere doubteuſe, entre le iour & la nuict deuant le Soleil leuant, & apres le Soleil couchant : On appelle l'vn matutin & l'autre veſpertin : Le commencement de celuy-là, & la fin de celuy-cy,ſont eſloignez du leuer & coucher du Soleil, par vne égale espace de temps, combie que la durée de l'vn & de l'autre soit quelquesfois plus grande, & quelquesfois moindre. Car en Esté les crepuscules sont plus longs, & en Hyuer plus courts. On fait vulgairement la mesure d'iceux lors que le Soleil est abbaissé de 18. degrez soubs l'horison. Pierre Nonius aduerty fort bien qu'on n'en peut donner aucune certaine mesure, il apperçoit qu'elle est variable, selon la diuerse affection de l'air, & la plus haulte ou plus basse esleuation des vapeurs de la terre. Vitellion & deuant luy Alhazene, ont mis leur occultation de 19. degrez. Quoy que c'en soit, suiuons l'opinion vulgairement receuë. Si donc de ce fondement tu desire cognoistre l'heure en laquelle le crepuscule commence ou finit à vn temps & lieu donné : mets le Globe, selon la largeur du lieu, & adjoints au Meridien le lieu du Soleil, conuenant au temps donné, & l'indice horaire sur 12. heures de son cycle: Ayant par-apres marqué le degré de l'Ecliptique, lequel est diametrallemẽt opposé au lieu du Soleil, qu'on tourne le Globe, iusques à ce que le mesme degré opposé au Soleil soit esleué de 18. degrez sur l'horison en la partie Occidentalle, & l'indice mõstrera au cycle horaire le commencement du crepuscule du matin : si c'est de la partie Orientale, il monstrera la fin du crepuscule du soir.

Nous auons enseigné en nostre Cosmographie à trouuer tant le commencement, la fin, que la durée du crepuscule, & ce tant par supputation numeralles des propositions 71. & 86. de nos triangles spheriques, qu'auec le compas de proportion, selon ce qui est enseigné és Scholies des susdites propositions, la longueur desquelles operations fait que nous n'vserons icy de repetitions.

Chap. XII.

Comment à certain temps & lieu donné on trouue la quantité du iour artificiel, ou de la nuict, où la quantité du parallel Solaire, laquelle demeure sur l'horison, & se cache dessoubs. Trouuer aussi le mesme de quelque Estoille.

NOus auons dit cy-dessus qu'il y a deux sortes de iours, le naturel qui est definy par l'entiere reuolution de l'equat. auec aussi celle portiõ de l'equat. laquelle correspond à l'arc de l'Eclipt. lequel le Soleil acheue en vn iour par son propre mouuement. L'entiere reuolutiõ de l'equat. (laissant à part la portiõ de l'equat. laquelle correspõd au propre mouuemẽt du Soleil) est diuisée en 24. parties égales, lesquelles on appelle heures égales, parce qu'elles sont tousiours égales entr'elles, 15. deg. de l'equat. se leuant & couchant en chasque heure. Ce n'est pas nostre dessein de traicter les diuers commencemens de ce iour, (car les vns l'ont commẽcé au coucher du Soleil, comme les Attiques & Iuifs; les autres à minuict, cõme les Egyptiens & Romains; les autres au leuer du Soleil, comme les Chaldez; ou à midy, comme les vmbres, & vulgairement les Astronomes). Le iour artificiel est definy par ceste espace, auquel le Soleil est en l'hemisphere superieur, auquel la nuict est opposée, lors que le Soleil parcourt l'hemisphere inferieure. On diuise le iour artificiel, & aussi la nuict, chacun en 12 parties, lesquelles on appelle heures inégales, parce qu'en diuerses saisons de l'année, elles sont ou plus grandes, ou plus petites, & n'obtiennent pas tousiours vn mesme espace.

La quantité du iour artificiel se cherche ainsi. Le Globe estant accommodé à la latitude du lieu, il faut trouuer le degré de l'Ecliptique, lequel le Soleil occupe le iour donné. Adjoints le mesme degré au Meridien, & l'indice horaire sur 12. heures : par-apres tournant le Globe iusques à ce que le lieu du Soleil touche l'horison, vers l'Orient, l'indice monstrera au cycle horaire l'heure du leuer du Soleil : si on l'applique à l'Occident, paroistra semblablemẽt l'heure du coucher: d'où toute la quantité du iour se trouuera. Si tu multiplie le nombre des heures par 15. (car comme nous auons dit souuent, autant de degrez de l'equateur appartiennent à vne heure égale) tu verras le nombre des degrez du parallel Solaire, apparant sur l'horison. Que si tu les oste de 360. degrez, demeurera la quantité du parallel caché: Ou bien au contraire on pourra premierement trouuer la quantité de l'arc du iour, & par-apres le nombre des heures par diuision. Car le Globe estant posé selõ la latitude du lieu, & le degré de l'Ecliptique que le Soleil obtient estant remarqué, tu chercheras par les choses premises la difference de l'ascention droicte & oblique du mesme degré de l'Ecliptique à la latitude du lieu. Car ceste difference sera moitié de ce que le iour artificiel en ce temps là & lieu, excede ou defaut du iour equinoctial. Parquoy il faut adiouster ceste difference lors que les iours sont plus grands que les nuicts, (ce qui se fait depuis l'vnziesme de Mars iusques au 12. de Septembre:) Mais le reste de l'année, que les iours sont plus courts que les nuicts, il la faut soustraire.

Comme pour exemple. Le 12. iour de Iuin, suiuant l'ancien stile, le Soleil obtient le commencement de Cancer, duquel l'ascention droicte est de 90. degrez: mais à la latitude de 52. degrez, si on applique le commencement de Cancer à l'horison,nous trouuerons l'ascention oblique de 56.deg. & presque 10'. La difference est de 33.degrez 50'. laquelle si tu adiouste aux 90. degrez d'vn demy iour équinoctial,viendront 123. degrez 50'. pour la moitié du iour artificiel,& tout l'arc iournal sera de 247.degrez 40'. lesquels si tu diuises par 15. le quotient sera 16. & presque $\frac{1}{2}$ pour le nombre des heures du iour artificiel au 12. de Iuin à la latitude de 50.deg.

D'icy on trouue la quantité du plus grand iour,du plus court,& de quelconque entremoyen, auec son accroissement & descroissemēt au temps & lieu donné. Cleomedes a pensé que les quātitez des iours augmentoient & diminuoient de telle façon : qu'au premier mois deuant & apres que l'equinoxe est fait,elles augmentent & diminuent de la quatriesme partie de toute la difference d'entre le plus grand & le plus court iour : au second mois,de la sixiesme partie,& au troisiesme mois de la douziesme,pourueu que toute la difference entre le plus long & le plus court iour soit de six heures : Les iours augmentent ou diminuēt au mois prochainement precedant,ou suiuant l'equinoxe d'vne heure & $\frac{1}{2}$,c'est à dire de la quatriesme partie de 6 heures : au second mois,d'vne heure entiere : au troisiesme,d'vne demy heure. Mais ces choses ne sont pas tousiours vrayes,ains seulement à quelque latitude donnée & determinée. Car aux diuerses inclinations de la sphere,les iours prennent diuersement leur accroissement & diminution. Car puis qu'en toute latitude les parallels sont couppez diuersement par l'equateur,les accroissements & descroissements seront diuers. Ie traitterois en vain de l'inuention de l'arc apparant du parallel de quelque Estoille : Il se trouue en la mesme façon que le parallel diurne du Soleil.

Le mesme arc diurne, soit du Soleil, ou d'vne Estoille, se trouue aussi beaucoup plus precisément par la supputation des triangles & compas de proportion, comme nous auons enseigné en nostre Cosmographie, mais les operations en sont longues, c'est pourquoy nous ne les repeterons icy.

CHAP. XIII.

Pour trouuer de iour & de nuict l'heure, tant égale qu'inégale, à quel temps donné, & latitude de lieu qu'on voudra.

SI on desire cognoistre de iour l'heure égale, soit constitué le Globe, selon la latitude du lieu donné. Que l'on obserue la haulteur du Soleil, en-apres adioignez au Meridien le lieu du Soleil en l'Ecliptique, & l'indice du cycle horaire sur 12. heures : Finablemēt il faut tourner le Globe, ou vers l'Oriēt, ou vers l'Occident, selon que requiert l'obseruation qui a esté faite, iusques à ce que le lieu du Soleil soit éminent sur l'horison, d'autant de degrez qu'il y en a qui conuiennent à l'obseruatiō faite, afin de trouuer, comme nous auons dit, l'Azimuth du Soleil. Car le Globe estant ainsi constitué, l'indice monstrera au cycle horaire l'heure du iour, auquel l'obseruation a esté faite. Tu trouueras en la mesme maniere l'heure de nuict, ayant obserué la haulteur d'vne Estoille cogneuë & exprimée au Globe. Car que l'indice demeure comme auparauant accommodée au lieu du Soleil, & que le Globe soit tourné iusques à ce que l'Estoille obtienne vne haulteur sur l'horison égale à la haulteur obseruée, & l'index monstrera l'heure de la nuict.

L'heure de iour sera aussi trouuée tant par la computation numeralle des triangles spheriques, qu'auec le compas de proportion, le lieu du Soleil & sa haulteur sur l'horison, estans don-

donnez auec l'esleuation du pole: Car ayant trouué la declinaison du Soleil, comme il est enseigné au ch. 5. on aura les trois costez d'vn triangle spherique cogneus, sçauoir les complemens de la haulteur du pole, de la declinaison, & de l'altitude du Soleil sur l'horison: & partant l'angle opposé à ce dernier costé, estant trouué par la prop. 86. de nos triangles spheriques, si on reduit en heures les degrez d'iceluy angle, on aura le temps distant du Midy. Or l'operation de cecy, auec le compas de prop. sera manifeste par l'exemple suiuant. Le Soleil estant à 11. deg. de Leo, & la haulteur d'iceluy sur l'horison, estant 42. deg. à l'esleuation polaire de 49. d. ie desire sçauoir l'heure d'icelle obseruation. Premierement, ie trouue que la declinaison de 11. deg. Leo est peu plus de 17. deg. 30'. Ie conçois donc vn triangle, dont les costez sont 41. deg. supplement de l'esleuation du pole; 72. deg. 30'. complement de la declinaison trouuée, & 48. deg. complement de l'altitude du Soleil. Maintenant pour cognoistre l'angle compris par les deux costez premiers nommez, & opposé au complement de l'altitude, ie pose la corde de 82. deg. à l'ouuerture de 180. puis ie prends l'ouuerture de 145. deg. laquelle me donne enuiron 75 $\frac{2}{3}$. Ce fait, ie soustrais 41. deg. de 72 $\frac{1}{2}$, & restent 31 $\frac{1}{2}$, dont le double est 63. & le double du costé opposé à l'angle cherché est 96. ie compte ces deux nombres sur la iambe du compas de prop. contre l'ordre, & prend la difference d'entre iceux, laquelle ie pose à l'ouuerture de 75 $\frac{2}{3}$, cy-dessus trouués, & prend l'ouuerture de 180. degrez que ie porte sur la iambe contre l'ordre, & me donne enuiron 90. d. pour la corde du double de l'angle cherché, qui partant est de 45. deg. lesquels reduis en heures donnent 3. heures pour la distance du temps de l'obseruation iusques à midy: tellement que ie diray que ladicte obseruation a esté faite à 9. heures du matin, ou à 3. heures apres midy.

L'heure de nuict se trouue aussi par les triangles spheriques & compas de proportion, mais à cause que cela est fort

long, nous n'en dirons rien icy, reseruant d'en traicter en no
problesmes Astronomiques.

Voicy la maniere de trouuer l'heure inégale de iour : Premierement, il faut trouuer par les choses susdites la quantité ou nombre des heures du iour artificiel : il faut aussi chercher l'heure égale du mesme iour, d'où par la regle de proportion il faut chercher l'heure inégale.

Exemple. En la latitude de 49. degrez, le plus grand iour est de 16. heures, lors qu'il sera la dixiesme heure de ce iour deuant midy, ou la sixiesme depuis le leuer du Soleil, ie desire cognoistre la quantiésme est ceste heure inégale. La disposition des termes de la proportion est telle, 16. donnent 6. donc 12. (car on attribuë autant d'heures inégales à chasque iour & à chasque nuict) donnent 4. & demy.

Seront aussi trouuez les degrez equinoctiaux, qui conuiennent à vne heure inégale, si tu diuise tout le nombre des degrez de l'arc du iour par 12. Comme si le iour artificiel est de 16. heures égales, l'arc du parallel iournal sera de 240. degrez, lesquels si tu diuise par 12. le quotient 20. monstrera le nombre des degrez equinoctiaux, lesquels conuiennent à vne heure inégale. Il faut chercher par vne semblable methode l'heure inégale de la nuict, & sa quantité.

CHAP. XIV.

Pour trouuer la longitude, latitude, & declinaison des Estoilles fixes, comme elles sont exprimées au Globe.

Que c'est que la longitude d'vne Estoille.

LA longitude d'vne Estoille, est l'arc de l'Ecliptique, compris par deux cercles majeurs, tirez par les poles de l'Ecliptique, desquels l'vn passe par l'intersection de l'Ecliptique, & l'autre par le centre de l'Estoille. La latitude est la distance de l'Estoille à l'Ecliptique, nombree au cercle qui passe par le cẽtre d'icelle Estoille. Que c'est que la latitude.

Si tu desire cognoistre cecy, il faut prendre le quart de haulteur, ou vn autre quadrant, exactement diuisé en 90. degrez, vn bout duquel doit estre appliqué au pole Boreal, ou Austral du Zodiaque, selon que requiert la latitude de l'Estoille : Qu'il passe par-apres par le milieu de l'Estoille iusques à l'Ecliptique, là où l'autre bout du quadrant marquera le degré de la longitude de la mesme Estoille, laquelle il faut nombrer depuis le commencement d'Aries. Mais ceste portion du quadrant, qui est prise entre l'Estoille & l'Ecliptique, monstrera la latitude de la mesme Estoille.

La declinaison est la distance à l'Equateur, laquelle il faut nombrer au cercle majeur, passant par les poles de l'Equateur. Parquoy si tu applique quelque Estoille au Meridien, sa declinaison sera facile à voir, apres auoir nombré les degrez & minutes du Meridien, qui sont compris entre l'Equateur & le milieu de l'Estoille. Que c'est que declinaison.

Nous auons enseigné en nostre Cosmographie comme il faut obseruer la longitude, latitude, & declinaison d'vne Estoille, ou bien deux de ces trois choses estans donnees, trouuer l'autre tant par la computation des triangles, que compas de proportion : Et là auons mis vne table contenant les longitudes & latitudes de toutes les Estoilles, contenuës és 48. constellations celestes, cy-deuant declarees, comme aussi leurs declinaisons & ascentions droictes: c'est pourquoy nous n'en dirons rien icy, afin de n'vser de trop longues repetitions : seulement mettrons-nous icy le moyen de trouuer sur le Globe le lieu où chasque Estoille doibt estre placee, la longitude & latitude, ou la declinaison de l'Estoille estant cogneuë : Ce qu'on obtiendra, appliquant le degrè de l'Ecliptique de la longitude de l'Estoille au Meridien, & le Globe demeurant fixe, si on compte audit Meridien la declinaison de l'Estoille, allant de l'Equateur vers le pole Septentrional, ou Austral, selon la denomination de ladite declinaison, où icelle se terminera, sera le lieu où doit estre placee l'Estoille. Mais ayant posé vn bout de la quarte de haulteur sur le degrè de l'Ecliptique de la longitude de l'Estoille, & l'autre bout sur le pole Septentrional, ou Austral du Zodiaque, selon la denominatiõ de la latitude de l'Estoille, si on compte ladite latitude sur ladite quarte de haulteur, où icelle s'ira terminer, sera le sit de l'Estoille.

CHAP. XV.

Pour trouuer la deflexion de l'éguille aymantée de la vraye situation du Meridien (laquelle ceux de nostre pays appellent communément la variation du compas) à quelque latitude donnee que ce soit.

IL est aueré par tesmoignages & experiences de plusieurs : de sorte qu'on n'en doit plus doubter, que le fer frotté de l'aimant ne regarde tousiours precisémẽt l'interséction du vray Meridien & de l'horison, ains qu'il varie en diuers lieux, & s'escarte de ce poinct là en diuerses façons. Et affermer cela, n'est pas vne chose controuuée des pillottes, pour couurir leurs erreurs, comme a voulu dire P. de Medine, Maistre pillotte du Roy d'Espagne. Cela n'arriue point aussi, pour-autant que la force de l'aimant vienne à deffaillir, estant debilitée par vn long vsage & exercitation, comme P. Nonius s'est persuadé, ou pource que dés son origine & commencement elle n'ait esté bien poſée ou introduite par nature,comme d'autres coniectûrent aſſez impertinemment. Elle eſt ainſi portée de ſon propre naturel. Iuſques à preſent perſonne n'a trouué la cauſe de ceſte deflexion. En cecy,comme en d'autres ſecrets & miracles de nature,nous ſommes du tout aueugles. Quelqu'vns ont taſché de donner quelque regle de ceſte deflexion,comme ſi elle eſtoit reguliere & reglée,mais en vain. Car l'experience,nō ſeulement celle qui eſt tirée de la coniecture groſſiere des Nautonniers,teſmoigne qu'elle n'eſt pas reglée, ains que ſouuent elle s'eſgare aſſez loing du vray Meridien: Mais on le trouue auſſi par des obſeruations bien plus exactes & aſſeurées.

En l'Iſle qu'on appelle Aſores,on dit vulgairement qu'elle ne ſe fouruoye point du tout de la ſituation du Meridien. En celles qui ſont plus Occidentales,à grād peine oſerois-ie affermer qu'elle ſe fouruoye tant ſoit peu. Si tu nauige de ces Iſles vers l'Orient,la poincte qui regarde le Septentrion ſe tourne vn peu vers Orient. A Añuers en Brabant ladite poincte decline enuiron de 9. d. Aupres de Londres en Angleterre, elle s'eſcarte du vray Meridien de plus d'vnze degrez. Si de ces Iſles tu t'aduance vers Occident, la meſme poincte s'eſloignera vers l'Occident. En la contrée maritime de l'Amerique,qui a de 35. à 36. degrez de latitude,elle s'eſloigne du vray Meridien par plus de 11. deg Par-delà l'equateur,la raiſon eſt grandemēt diuerſe: pres le dernier Promontoir du Braſile qui s'eſtēd vers Orient, (lequel on appelle vulgairemēt Cap frio) ladite poincte ſe deſvoye du vray Meridien par plus de 12 deg. Es emboucheures plus Orientales du deſtroit de Magellan,de 5. ou 6. degrez. Si tu nauige depuis ce Promontoire que nous auons dict iuſques au Leuant vers l'Afrique,ceſte deflexion eſt augmentée iuſques à 17. ou 18. degrez : Ce qui arriue (comme nous pouuons coniecturer) au Meridien qui n'est beaucoup distant de celuy qui passe par les Asores. Par delà la deflexion se diminuë à 9. ou 10. degrez : ce qui arriue pres l'Isle saincte Heleine, vn peu vers Occident. De là on tient qu'elle se diminuë iusques à ce que on soit porté outre le Cap de bonne esperance, là où on tient qu'elle demeure sur le Meridien, proche de ce fleuue là, que pour ceste cause les Portugais ont appellé *R. de las Agulas*. Or toute ceste deuiation ou foruoyement est vers l'Orient.

Nous auons prins & experimenté toutes ces choses par des obseruations (selon que peut permettre la perfection des instruments, l'vsage desquels est concedé en nauigeant) assez diligentes & exactes, calculées par la doctrine des triangles spheriques ; d'où plusieurs choses qu'on croit vulgairement de ceste deflexion nous sont en parties faulses, & en partie suspectes. Nous trouuons faulx qu'au Meridien qui passe par les Isles Asores, ce fer là, ou que ce soit, regarde exactement le vray Meridien : qu'en la coste maritime du Brasile, la poincte Boreale decline vers l'Occident. Nous auons aussi pour suspect, que vers la terre Bacaleos elle flechisse & s'encline vers Occident par plus de 22. degrez entiers, car cela ne se peut accorder auec l'obseruation que nous auons remarqué auoir esté faicte en la coste de l'Amerique, qui est d'enuiron 11. degrez, & de laquelle obseruation nous sommes plus asseurez que d'aucune autre. Laissons donc en arriere ceux qui ne recherchent qu'vn seul poinct de cest aspect ou regard, soit en la terre (comme quelques-vns qui forgent certaines montagnes non beaucoup esloignées du pole Artique) soit au ciel (comme ceux qui en referent la cause à la queuë de l'ourse mineur, entre lesquels est Cardan) ou bien à vn poinct pris au Meridien des Asores (qui est 16. degrez & demy outre le pole Boreal) comme a creu Mercator. Laissons aussi à part ceux qui ont estimé que de ceste deflexion se peut ordonner & instituer vn calcul pour trouuer les longitudes des lieux : à la mienne volonté qu'ils le peussent faire : & certes cela se feroit si ladite esguille regardoit tousiours vn seul poinct.

Mais laissant toutes ces choses, voyons par quelle maniere la quantité de ceste deflexion, moyennant l'vsage du Globe, se pourra trouuer en quelque lieu qu'on voudra de latitude cogneuë. Premierement, il faut apprester quelque instrument par lequel on puisse obseruer la distance de l'Azimuth solaire au sit de l'éguille magnetique. Les nostres vsent ordinairemẽt d'vn compas ou monstre nautique, diuisée en 360. degrez, ayant vn fil penchant au-trauers du centre de la monstre en la bussole, lequel estant opposé au Soleil, iette l'vmbre au centre de la monstre. Cest instrument est appellé par nos Mariniers Compas de variation. Et cest instrument ne semble pas incommode à cest vsage; mais ie voudrois qu'on le fist auec plus grand soin & diligence qu'on n'a de coustume. Par cest instrument ou autre de mesme sorte, il faut obseruer la distance de l'Azimuth solaire pour quelque temps & lieu que ce soit, à la proiection de l'esguille magnetique. Or nous auons enseigné cy dessus, combien le mesme cercle vertical du Soleil est au mesme temps esloigné du vray Meridien. La difference qui est entre la distance du Soleil au vray Meridien, & au sit du fer magnetique, est la variation du compas. Dauantage, nous auons enseigné comment l'amplitude du vray leuer & coucher se peut trouuer. Si donc on obserue par quelque semblable instrument que nous auons dict, de combien de degrez le Soleil se leue ou se couche loing du poinct ou extremité qui semble regarder en la monstre ou compas le leuant ou couchant ; on recognoistra semblablement la deuiation ou fouruoyement que l'esguille magnetique fera du vray Meridien.

CHAP. XVI.

Comment on peut construire par le Globe vn horologe scioterique, à quelque latitude donnée que ce soit.

NOus ne promettons pas l'entier artifice pour cõstruire vn horologe, cela est plus long qu'il n'est besoin pour nostre institut. Il suffira d'en toucher quelques mots, & de mõstrer quasi comme au doigt quelques fondements de cest art, pource que par l'vsage des Globes ils peuuent commodément estre conceuz.

Nous monstrerons icy deux sortes d'horologes fort communs & vulgaires : l'vn s'appelle horisontal, qui est descrit en vn plan parallel à l'horison : l'autre se nomme mural, qui est descrit en vn plan esleué sur l'horison ; tellement qu'il regarde le Midy ou le Septentrion. Mais ce ne sera pas mal de les appeller tous deux horisontal, non pas au respect d'vn mesme lieu, mais de diuers. Parquoy si le plan est horisontal, s'il est erigé, s'il est en quelque façon incliné, il n'y aura qu'vn seul artifice pour descrire l'horologe.

Voyons donc comment vn horologe est portraict & descrit au plan horisontal de quelque lieu. Ayant donc preparé vn plan parallel à l'horison, soit tirée vne ligne Meridiene en iceluy, qui regarde le Septentrion & le Midy, le plus exactemẽt que faire se pourra. Qu'vne autre ligne couppe celle-cy à trauers, & à angles droicts, monstrant l'Orient & l'Occident: celle-là marquera 12. heures, & celle-cy 6. deuant & apres midy. Le centre estant faict au concours de ces lignes, qu'on descriue vne periphere au mesme plan, à quelque distance que ce soit, laquelle nous coupperons en 360. parties, qui est la vulgaire diuision de tous cercles: Il n'est pas aussi mal à propos de diuiser icelles, si faire se peut, en plus petites parties égales. Reste qu'en ceste periphere nous cherchions les distances des lignes horaires, à vne latitude de lieu donnée. Afin que nous faciõs cecy par l'vsage du Globe, soit constitué le Globe à la latitude du lieu, applique par-apres au Meridien quelque grand cercle décrit au Globe, de ceux (dis-ie) qui passent par les poles du Monde (comme s'il te plaist le colure des équinoxes) auquel sit il monstre 12 heur. ou midy. Le Globe estant puis-apres tourné vers l'Occident, si on veut, iusques à ce que 15. degrés de l'équateur passent par le Meridien, qu'on marque le degré de l'horison que le mesme collure entrecouppe en l'horison: car iceluy monstrera en l'horison la distance d'vne heure, & d'vnze iusques au Meridien, chacune desquelles est distante de midy d'vne heure. Tournant derechef le Globe, iusques à ce que derechef 15. degrez de l'équateur parcourent le Meridien; le mesme collure monstrera la distance de la dixiesme heure qui deuance le midy de deux heures, & de la deuxiesme qui suit aussi le midy de deux heures: en la mesme maniere les distances des autres heures seront marquées en l'horison, lors que 15. degrez de l'équateur parcoureront le Meridien à chasques heures. Mais il faut prendre garde que ces distances soient nombrées par la partie de l'horison, sur laquelle le pole est esleué, sçauoir est en la partie boreale de l'horison, si le pole

Boreal est esleué; & en la partie australle, si le pole Austral est éminent. Par-apres transfere ces distances horaires marquées en l'horison, au plan destiné pour faire l'horologe, nombrãt en la circõference d'iceluy les degrez égaux en nombre à ceux que le collure a marqué en l'horison du Globe. En fin il faut eriger vn stile ou gnomon au plan, là où il faut obseruer cecy, (qui est le principal & presque vnique precepte en cest art) que la ligne du stile qui mõstre les heures par son vmbre, soit en toute sorte d'horologe parallele à l'axe du Monde, tellement qu'auec son plan elle fasse vn angle, égal à celuy de l'inclination de l'axe du Monde auec l'horison. C'est chose tellemẽt cogneuë, qu'il faut que le gnomon ou stile regarde le Septentrion & le Midy, ou soit scitué sur le Meridien, que ie n'en veux aduertir: Cecy est la raison de construire vn horologe en quelque plan parallel à l'horison.

Si on erige vn plan à plomb sur l'horison regardant le Midy & Septentrion, qu'on appelle vulgairement Mural, il faut considerer vne chose (l'ignorance de laquelle a mis en grand trauail & difficulté ceux qui monstrent l'artifice de faire des horologes:) Qu'on prenne garde, dis-ie, que ce plan là qui est érigé en vn lieu, est horisontal en vn autre lieu, en ce lieu là dis-ie, le sommet duquel est distant de celuy du lieu par 90. degrez vers Septentrion ou vers Midy, comme pour exemple: Posez le cas qu'il faille construire vn horologe en quelque plan, érigé à la latitude de 52. degrez, cela n'est autre chose que descrire vn horologe en l'horison, à la latitude de 38. degrez. Si le plan est érigé à la latitude de 27. degrez, il sera horisontal à la latitude de 63. degrez, & ainsi des autres: D'icy est manifeste que l'horologe horisontal & vertical est vn mesme à la latitude de 45. degrez.

Par cest artifice on pourra descrire vn horologe en vn plan, incliné en quelque maniere que ce soit à l'horison, pourueu que la quantité de l'inclination soit cogneuë : comme s'il faut descrire vn horologe en vn plan encliné à l'horison en la latitude de 52. degrez boreaux, duquel l'inclination sur l'horison vers Midy est de 10. degrez : il faut descrire en ce plan vn horologe horisontal à la latitude de 62. degrez boreaux. Si en la mesme latitude vn plan est esleué sur l'horison de 16. degrez vers Septentrion, il sera horisontal à la latitude de 36. degrez boreaux.

Les mesmes distances ou arcs de l'horison couppees par chasques cercles horaires, seront trouuez beaucoup plus exactement, tant par la computation des triangles spheriques, que auec le compas de proportion, operant selon ce qui est enseigné en la prop. 80. de nos triangles spheriques : car il se forme vn triangle spherique, rectangle, dont vn costé de l'angle droict est cogneu, estant le complement de l'arc de l'equateur correspondant à la distance de l'heure proposee à midy, & l'angle oblique adjaçant audit costé aussi cogneu, estant le complement de l'esleuation du pole : & l'hypotenuse, laquelle il faut trouuer, est l'arc de l'horison compris entre le cercle de 6. heures, & celuy de l'heure proposee : tellement que faisant vne regle de trois, au premier terme de laquelle soit posé le sinus total, au second le sinus de la latitude proposee, & au troisiesme la tangente de l'arc correspondant à la distance de l'heure proposee iusques à midy ; la regle estant faite, on aura la taugente de l'arc de l'horison intercept par le Meridien, & le cercle horaire proposé. Vn exemple de cecy suffira : Soit proposé de trouuer à la latitude de 49. degrez l'arc de l'horison, compris entre le Meridien & le cercle de 10. heures : Pour ce faire ie dispose les termes de la regle de proportion ainsi : Si 100000. (sinus total) donnent 75471 (sinus de l'esleuation du pole) que donneront 57735. tangente de 30. degrez, qui correspondent aux 2.heures de la distance de l'heure proposee iusques à midy.) La regle faicte, viennent 43573. qui donnent en la table des tangentes presque 23 degrez 33'. pour l'arc de l'horison, compris depuis le poinct de 10 heures iusques à midy.

Le mesme arc de l'horison sera aussi trouué sur le compas de proportion, mettant la corde de 82. degrez (double du complement de la latitude proposee) à l'ouuerture de 180. degrez: puis ayant pris l'ouuerture de 60. (double de l'arc de l'equateur, correspondant à la distance de l'heure proposee iusques à midy,) & porté icelle sur la iambe, elle se terminera enuiron à 38 $\frac{1}{3}$, dont le complement de demy cercle est 141 $\frac{2}{3}$, à l'ouuerture desquels ayant posé la corde de 120. (double du complement de l'arc de l'equateur, correspondant à la distance de l'heure proposee iusques à midy) ie prends l'ouuerture de 180. laquelle donne presque 133. sur la iambe, dont le complement du demy cercle est peu plus de 47. qui est la corde du double de l'arc cherché; & partant iceluy arc est peu plus de 23. degrez 30'. comme dessus.

On pourra donc en la mesme maniere supputer l'arc de l'horison couppé par chasque cercle horaire, & en dresser table pour quelconque esleuation de pole qu'on voudra: ce que nous auons fait icy pour 25. latitudes seulement, afin d'aucunement soulager ceux qui seront à telles latitudes, que celles contenuës en la tablette suiuante, en laquelle sont seulemēt les arcs de l'horison couppez par les cercles de 1, 2, 3, 4, & 5 heures, à cause que les cercles horaires, egalement distans du Meridien, ou du cercle de 6. heures, couppent arcs égaux en l'horison.

Ensuit la table des arcs de l'horison, compris entre le Meridien & chasque cercle horaire, supputez pour les latitudes cottées en la premiere colonne senestre d'icelle.

Les esleuations du pole du monde.

Heures	1.		2.		3.		4.		5.	
D.	D.	M.	D.	M.	D.	M.	D.	M.	D.	M.
36	8	57	18	45	30	27	45	31	65	30
37	9	10	19	10	31	2	46	11	66	0
38	9	22	19	34	31	37	46	50	66	29
39	9	34	19	58	32	11	47	28	66	56
40	9	46	20	22	32	44	48	4	67	22
41	9	58	20	45	33	16	48	39	67	47
42	10	10	21	7	33	47	49	13	68	11
43	10	21	21	30	34	18	49	45	68	33
44	10	33	21	51	34	47	50	16	68	54
45	10	44	22	12	35	18	50	46	69	15
46	10	55	22	33	35	44	51	15	69	34
47	11	5	22	53	36	11	51	43	69	53
48	11	16	23	13	36	37	52	11	70	10
49	11	26	23	33	37	3	52	35	70	27
50	11	36	23	51	37	27	53	0	70	43
51	11	46	24	10	37	51	53	23	70	59
52	11	55	24	28	38	14	53	46	71	13
53	12	5	24	45	38	37	54	8	71	27
54	12	14	25	2	38	58	54	29	71	41
55	12	23	25	19	39	19	54	49	71	53
56	12	31	25	34	39	39	55	9	72	5
57	12	40	25	50	39	59	55	27	72	17
58	12	48	26	5	40	18	55	45	72	28
59	12	56	26	20	40	36	56	2	72	38
60	13	4	26	34	40	54	56	19	72	48

Or par le moyen de la table cy-dessus, on peut promptemēt & facilement construire les horologes cy-dessus mentionnez, soit qu'on fasse comme dit nostre autheur, ou bien qu'on vse du compas de proportion: Car ayant descrit vn cercle, & iceluy couppé en quatre quarts par deux diametres s'entrecouppans au centre à angles droicts, il n'y aura qu'à poser le demy diametre à l'ouuerture de 60. degrez, & puis apres prendre l'ouuerture des arcs contenus en ladite table, pour chasque heure, & les porter sur la circonference dudit cercle de part & d'autre de la ligne Meridienne, obseruant ce qu'a dict nostre autheur, touchant les horologes verticaux: Et quant au stile, est à notter qu'ayant posé le demy diametre du cercle (ou bien la distance du centre au poinct où l'on voudra esleuer ledit style) à l'ouuerture du double des degrez du complement de la latitude, l'ouuerture du double des degrez de ladite latitude donnera la haulteur dudit stile, si l'horologe est horisontal: mais estant vertical, il faudra poser ledit semidiametre à l'ouuerture du double de la latitude proposée, & l'ouuerture du double du complement d'icelle latitude, donnera ladite haulteur du stile.

Ladite construction se peut aussi faire sans la table cy-dessus par le moyen des compas de proportion, esquels se trouue vne ligne à ce propre & peculiere.

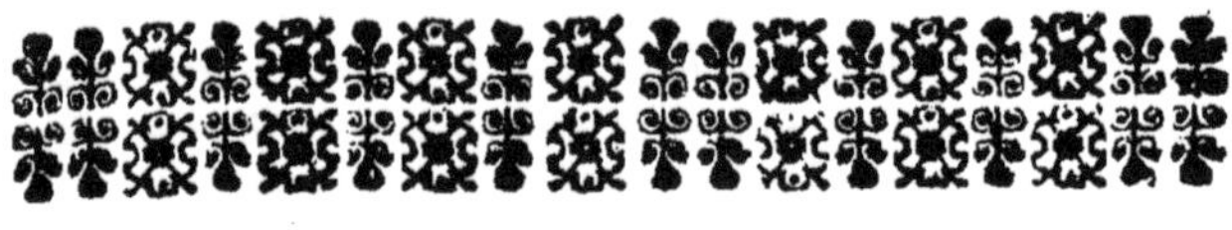

DERNIERE PARTIE.

Des Rumbs, portraicts & descris au Globe terrestre, & de leur vsage.

Es lignes qui sont tirées & comme descrites en la surface de l'eau, lors que la nauire suit en sa routte l'esguille magnetique ou aymantée, sont appellées par Pierre Nonius Rumbs, empruntant ce nom de ses compatriots Portugais. Or d'autant que l'vsage a tant obtenu, que mesmes entre les plus doctes ce nom soit vsurpé, il nous sera aussi permis d'en vser. Les Rumbs sont exprimez és Globes par des cercles ou majeurs ou mineurs, ou par certaines lignes tortuës & courbes. Les Mariniers en leurs chartes marines ont coustume de les exprimer par des lignes droictes: mais cela est alienè de la verité, & ne sçauroit estre exempt d'erreur. Ceste inuention & consideration de tirer des Rumbs en vn Globe, est vn peu ancienne. Pierre Nonius Portugais a escrit d'iceux en deux liures qu'il a faict de la nauigation. Mercator les a aussi exprimé en ses Globes; mais leur vsage n'a pas esté tousiours bien cogneu: C'est pourquoy nous auons trouué bon de nous arrester vn peu plus long temps en l'explication d'iceux, & recherchans de loin leur nature & origine venir à leur vsage au faict de la nauigation.

Nous commencerons donc par l'explication de l'origine & nature de la monstre nautique, que les Nautonniers & pillotes de nostre pays appellent compas, Il est tres-notoire que c'est vn plan rond, la circonference duquel est couppée en 32. parties égales par lignes droictes passans par le centre: Le seul poinct d'iceluy plan, auquel est posée vne esguille frottée d'aymant, regarde le Septentrion, duquel l'opposite regardera necessairement le Midy, & les autres poincts d'iceluy regarderont certaines & fixes scituations en l'horison, (car il faut que le compas soit parallele à l'horison.) I'appelle fixe pour enseigner, n'oubliant que le fer frotté à l'aimant, outre que de sa nature il varie & branle ça & là en diuers lieux, il est aussi mis & posé au compas diuersement au regard de la situation du Meridien, ce qu'on appelle communément variation du compas, selon la diuerse coustume de diuerses nations; car il y en a (comme ceux de nostre païs & les Espagnols) qui l'esloignent de 5. deg. & plus de 37'. à l'Orient de ce poinct, lequel monstre la partie boreale du monde. Il y en a d'autres qui l'esloignent de 3. degrez, & presque 18'. d'autres qui l'esloignent du mesme poinct de 11. degrez entiers, auec vne quatriéme partie: toutesfois cela ne nous empeschant, supposans que le fer regarde perpetuellement le Septentrion & le Midy. Or ces lignes exprimees au compas nautique, sont les communes sections de l'horison, & des cercles verticaux, ou plustost les parallels à icelles. Celle soubs laquelle est mise l'éguille, est la commune section du Meridien & de l'horison: celle qui couppe droictement celle-cy, est la commune section de l'horison, & du cercle vertical, tiré par l'Orient & Occident equinoctial. Ainsi nous auons les quatre principaux poincts du monde: & tout l'horison est diuisé en quatre parties égales, chascune desquelles con-

contient 90.degrez. Si tu separe derechef chascune d'icelles parties en huict parties égales par sept cercles verticaux, tirez de part & d'autre du Meridien par le sommet, tout l'horison sera couppé en 32. parties égales, chascune desquelles contiendra 11. degrez & ¼. Or les Mariniers en leurs voyages ont coustume de considerer diligemment autant de parties du monde, les plus petites parties & diuisions ne se couppent point. Voila la source & origine de la monstre nautique, laquelle les pilottes prennẽt pour guide de leurs routtes & voyages.

Voyons de suitte quelles lignes la nauire descrit en son cours, ayant suiuy le compas pour guide; & pour entendre plus facilement la chose, nous mettrõs en auant certains poincts, lesquels estans bien considerez, nous en rendrons la cognoissance fort claire & facile.

1. Tous les Meridiens de tous lieux passent par tous les deux poles: c'est pourquoy ils couppẽt l'equateur & tous ces parallels à angles droicts.

2. Si nostre chemin est dirigé ailleurs que vers l'vn des poles, est de fois à autre introduit vn nouueau meridien & vn nouuel horison.

3. Le fer, s'il est frotté à l'aymant, monstre la commune section du Meridien & de l'horison, & l'vn de ses bouts regarde perpetuellement, en quelque façon, le Septentrion, l'autre le Midy. Ie ne peux taire en ce lieu, la lourde faute de Gemme Frison, lequel au 15. chap. de la Cosmographie d'Appian, affirme que le fer frotté à l'aymant regarde le pole Septentrional deça la ligne de l'equateur, & le pole austral outre l'equateur; à l'opinion duquel tant nostre experience que celle des autres est contraire. La trop grande croyance, comme i'estime, l'a trompé. Il a adiousté

foy à quelque vaine relation temerairement inuentée contre la verité. Quoy que c'en soit, la faute est grãde & indigne d'vn tel personnage: Ceste vaine & futille relation a desia esté condamnée, & à bon droict, par l'Illust. Iulle Scaliger, sur la foy des nauigations de Loys Vertoman, & de Ferdinan Magellan.

4. Vn mesme Rumb couppe tout Meridien de tous lieux à angles égaux, & regarde semblables parties du monde en tout horison.

5. Le cercle majeur conduit par le sommet (esloigné de l'Equateur) ne peut coupper diuers Meridiens à angles égaux. Parquoy ie ne consent point à Pierre Nonius, lequel a voulu que les rumbs fussent faicts de portions de grands cercles: Car puisque vne portion de cercle majeur intercepte par diuers Meridiens ou qui sont bien peu esloignés l'vn du l'autre, faict angles inegaux, on ne peut en faire vn rumb par la prop. prochainemẽt precedẽte: Mais ceste inegalité des angles (dit-il) ne se comprend point par le sens, sinon aux Meridiens separés vn peu loing. Soit. Mais par art & demonstration on recognoist la faute & erreur de ceste proposition ou hypotese. Il n'a pas esté bien seant à vn grand Mathematicien de mesurer les preceptes de l'art par le sens.

6 Le cercle majeur conduit & tiré par le sommet de quelque lieu, & inclinant aux Meridiens, fait des angles plus grands auec tous les autres Meridiens, qu'auec celuy duquel il est premierement tiré. Il faut donc que ceste ligne, laquelle auec diuers Meridiens, faict angles égaux (comme sont les rumbs) soit courbée vers le Meridien. De là ce faict, que la nauire allant selon vn seul & mesme rumb, (excepté les quatre premiers & principaux) la ligne descrite est courbée & repliée à la forme d'Helique, comme tu en peux

voir depeintes & tracées au Globe terrestre.

Les portions du mesme rumb, comprises entre deux parallels quels qu'ils soyent, desquels la difference de latitude est égale, sont aussi égales. Parquoy vn segment égal d'vn mesme rumb, change par tout également la difference de la latitude. Donc le precepte vulgaire des Pilottes est vray, que par égal espace de quelque chemin en vn mesme rumb, l'vn des poles est également esleué ou abaissé. Et Michel Coignet se trompe, lequel prenant mal les fondemens, s'est persuadé le contraire.

De la quatriesme proposition naist ce corollaire & consequẽce, que les rumbs produicts & prolongez ne passent pas par les poles, car puis qu'vn mesme rumb est également incliné vers tous les Meridiens, & que tous les Meridiens passent par les poles, il s'ensuiuroit (si le rumb alloit aux poles) qu'vne mesme ligne coupperoit en mesme poinct vne infinité d'autres lignes à angles égaux, ce qui est impossible, pource qu'vne partie de quelque angle ne peut estre égale au tout. Ce que nous auons aussi dict en la derniere propositiõ, ne fait rien contre ce corolaire, sçauoir qu'entre quelques parallels que ce soient d'égales distãces, sont comprises égales portions de mesme rumb, tellement qu'il s'ensuiuroit que le segment de quelque rumb, compris entre le parallel de la latitude de 80. degrez, & le pole est égal au segment du mesme rumb intercept entre l'équateur & le parallel de la latitude de 10. degrez, pource que ce pole n'est pas vn parallel. Ce que dict Nonius est vray, que les rumbs ne vont point au pole : mais il ne l'a pas heureusement prouué, car il s'appuye sur des fondemens pris contre la verité, comme nous auons dict cy-deuant. Gemme Frison en l'appendice du 15. chapitre de la Cosmog.

d'Appian, a dict en vain que les rumbs concourrent aux poles, comme ont aussi dict beaucoup d'autres, lesquels sont repris & taxez par Michel Coignet.

Ces choses estant bien remarquees & considerees, il sera facile d'entēdre quelles lignes le nauire descrit, suiuant l'aymant, guide de son chemin en la mer. Si la proüe d'vn nauire est dressé vers Midy ou Septentrion, qui sont les parties & contrees que le fer touché de l'aymant regarde; la profection & voyage se faict tousiours souz vn mesme Meridien, parce que comme nons auons dict à la troisiesme proposition, ce fer regarde les intersections de l'horison & du Meridien, & est scitué au plan du mesme Meridien. Si la prouë est dressee vers ceste partie là, laquelle le rūb d'Orient & d'Occident monstre, sera descrit l'équateur ou vn cercle parallel à iceluy: car si le sommet est souz l'équateur au commencement du chemin proposé, le nauire marquera vn segment de l'équateur: Si le sommet est reculé de l'équateur vers Midy ou vers Septentrion, nostre cours descrira vn parallel, d'vne telle distance de l'équateur, qu'est la latitude du lieu duquel nous sommes partis: comme prenōs que nostre cours soit commencé à quelque lieu d'audessouz l'équateur, selon le rumb d'Orient & d'Occident, nous irons tousiours souz cest équateur, car nous faisons le chemin à ceste condition, que la ligne de nostre routte constituë tousiours angles droicts, auec tous les Meridiens qui de nouueau se rencontrent en voyageant plus outre. Or aucune ligne ne peut faire cecy, excepté l'équateur, comme il est manifeste par le corollaire de la premiere proposition, donc par vn semblable cours sera descrite vne portion de l'équateur. Si de quelque lieu hors l'équateur, nous commençons vn cours & route, selon le mesme rumb d'Orient & d'Occident, nous ferons tousiours vn mesme parallel, car tous les parallels de l'équateur couppent tous les Meridiens à angles droicts, par le corollaire de la 1. prop. & jaçoit que la prouë regarde tousiours le leuer ou coucher équinoxial du Soleil, ou l'intersection de l'équateur & de l'horison, toutesfois en aduançant nous n'aprochons pas de l'équateur, ains sommes tousiours égalemement esloignez de luy, car nous ne paruenons pas au lieu lequel la prouë regarde, mais nous marquons le cours qui couppe à angles droicts le nouueau Meridien, qui se leue tousiours lors que nous aduançons, lequel sera necessairement vn parallel. S'il faut faire vn chemin souz quelque rumb incliné au Meridien, le cours ne se fera en aucun cercle, soit majeur ou mineur, mais en vne ligne courbée à la forme d'helique. Car si tu menè vn cercle majeur par le sommet de quelque lieu incliné au Meridien, le mesme cercle couppera le plus prochain Meridien, soubs vn plus grand angle que celuy qu'il aura parauant couppé, par la 6. prop. precedente: & partant il ne constituera aucun rumb : car vn mesme rumb couppe tous les Meridiens tousiours soubs vn mesme angle, par la 4. proposit. Mais les parallels couppent à angles droicts tous les Meridiens, par le Corol. de la premiere prop. ils n'inclinent donc pas au Meridien.

Quant aux lignes qui se font és voyages ou profections marines, lesquelles ont pour guide la monstre nautique par la direction de l'éguille magnetique, Gemme Frison en l'adition qu'il fait au 15. chap. de la Cosmog. d'Appian, parle ainsi : *Mais i'ay estimé qu'il faloit aussi remarquer cecy en passant, c'est que les voyages qu'on fait par terre, sont grandement differents de ceux qu'on fait par mer : Car les traittes qui se font par terre, s'entendent estre faites selon les grands cercles de la sphere, comme V[illegible] ner a bien monstré en ses Commentaires sur Ptolomée : [illegible] les voyages qui se font par mer, sont la plus-part com[illegible] parce qu'ils se font rarement par les grands cercles, mais q[illegible] quesfois par les cercles paralleles de l'equateur, sçauoir est [illegible] que le nauire tend vers Orient, ou vers Occident, quelquesf[illegible] aussi par les grands cercles de la sphere, comme quand on na[illegible] uige du Midy au Septentrion, ou au contraire : Item, soubs l'e quateur, faisant voile en Orient, ou en Occident. Or en tout[illegible] les autres nauigations, iaçoit qu'elles soient dressées sel[illegible] la guide de l'aymant, se font neantmoins des chemins tort[illegible] qui ne sont semblables aux grands cercles, ny aux paralleles : mais aussi ne sont-ils cercles, ains lignes courbées seulement qui concurrent toutes en l'vn des poles.* Tout cela est bien à propos, sinon qu'il dit que ces lignes concurrent au pole ; ce qui est alienée de la nature des rumbs, comme nous auons dit cy-dessus.

Iusques à present nous auons traicté de la nature & origine des rumbs ou lignes, lesquelles le Nauire descrit en la mer, suiuant l'éguille magnetique, guide de sa routte & chemin. Voyons maintenant pour quel vsage ils sont portraits & descrits au Globe terrestre.

De l'vsage des Rumbs au Globe terrestre.

EN l'art de nauiger, qui enseigne par quelle voye & maniere il faut diriger le Nauire, pour aller d'vn lieu à vn autre, quatre choses sont à considerer : les longitudes, & latitudes des lieux, ou leurs differences, le rumb, & l'interuale ou distance d'entre les deux lieux, mesurée selon le chemin de mer. Car l'interuale est pris d'vne façon par les Geographes, & d'vne autre par les Pilottes. Les Geographes mesurent les distances des lieux par des cercles majeurs, comme Peucer (apres Vverner) a demonſtré au liure de la dimenſion de la terre. Les mariniers les meſurent tantoſt par des cercles majeurs, tantoſt auec des mineurs, & bien ſouuent par des lignes courbes, veu que comme ils font le chemin, ainſi meſurent-ils les diſtances.

Il faut que nous conſiderions quelles & combien de ces choſes doiuent eſtre données, pour trouuer les autres. Or les lieux entre leſquels nous faiſons noſtre routte & chemin, different ou en la ſeule longitude, ou en la ſeule latitude, ou en toutes les deux.

S'ils different ſeulement en latitude, ils ſont conſtituez ſoubs vn meſme Meridien : & partant le rumb qui conduit de l'vn à l'autre ſera du coſté de Septentrion ou de Midy. Les autres choſes ſont, la difference de latitude & l'interuale, l'vne deſquelles eſtant donnée, l'autre ſera facilement trouuée. Si la difference des latitudes eſt donnée en degrez & minuttes, ainſi que les Pilottes ont couſtume, ce nombre de degrez & minuttes eſtant multiplié par 60. (autant qu'on attribuë ordinairement de milles de noſtre pays à vn degré, ſelon l'aduis de Ptol. comme nous auons demonſtré cy-deſſus) ſera produict le nombre des milles du cours acheué. Si tu multiplie le meſme nombre de degrez par 17 ½, viendra l'interuale du chemin en lieuës d'Eſpagne. Au contraire, ſi l'interual eſt donné en milles, ou lieuës, ſi tu diuiſe leur nombre par 60. ou 17 ½, le quotient monſtrera le nombre des degrez & des minuttes, qui conuiennent à la difference de latitude d'entre les deux lieux donnez. Comme ſi du dernier Promontoire Occidental d'Angleterre (qu'on appelle *The Lizard*) on nauige vers Midy, iuſques à ce qu'on ſoit paruenu au Promontoire d'Eſpagne, qu'on appelle *Cap d'Ortegal*, deſquels la difference de latitude eſt 6. deg. 10'. Si tu deſire cognoiſtre la diſtance d'entre ces lieux,multiplie 6.d. 10'.par 60. tu auras le nombre de 370. milles de noſtre pays,pour l'interuale & diſtance d'entre les deux lieux donnez. Or le calcul ſe fait & ordonne biẽ mieux,par les milles de noſtre pays,parce que 60. d'iceux correſpondent à vn degré: tellemẽt qu'à vne minutte conuient auſſi vn mille, d'où ſera euité vn grand & penible labeur,cauſé par les fractiõs.

Suiuent les lieux qui different ſeulement en longitude, leſquels s'ils ſont ſoubs l'equateur, l'interual eſtant cogneu,la difference de latitude ſe trouuera: ou au contraire,par multiplication ou diuiſion,en la maniere qu'a eſté trouuée cy-deſſus,la difference de la latitude. Que s'ils ſont hors l'equateur,il faut vſer d'vn autre moyen. Car puis que tous les parallels ſont moindres que l'equateur, tant ceux qui en ſont fort proches,ceux qui en ſont fort eſloignez,que ceux qui ſont tout pres du pole, il aduient qu'vne certaine & determinée meſure ne peut eſtre attribuée à tous parallels. Le vulgaire des Pilottes s'abuſe lourdemẽt, attribuant au degré de chaſque parallel vne égale meſure auec vn degré de l'equateur: d'où pluſieurs erreurs ſont procedez de la nauigation, & pluſieurs parties de la terre expulſées de leurs ſieges & ſituations, ſont introduites en celles des autres.

Mais afin de ſoulager en cecy ceux qui ſont moins exercés és Mathematiques, i'ay adiouſté la table ſuiuante,laquelle monſtre quelle raiſon a vn degré de chaſque parallel à vn degré de l'equateur,& de là ſe peut trouuer la propre meſure de chaſque parallel. Or en la premiere collomne de ceſte table eſt proposé chaſque parallel de l'equateur,diſtant l'vn de l'autre par vn degré de latitude: en la ſeconde ſont monſtrez les minuttes & ſecondes equinoctiales,qui conuiennent à vn degré de chaſque parallel, leſquelles ſi tu conuertis en milles, tu cognoiſtras combien de milles conuiennent à vn degré de chaſque parallel.

	m.	ſec.		m.	ſec.		m.	ſec.
1	59	59	31	51	25	61	29	5
2	59	57	32	50	52	62	28	10
3	59	55	33	50	18	63	27	14
4	59	51	34	49	44	64	26	18
5	59	46	35	49	8	65	25	22
6	59	40	36	48	32	66	24	24
7	59	33	37	47	55	67	23	26
8	59	25	38	47	17	68	22	28
9	59	15	39	46	38	69	21	30
10	59	5	40	45	58	70	20	31
11	58	53	41	45	17	71	19	31
12	58	41	42	44	35	72	18	31
13	58	27	43	43	52	73	17	31
14	58	13	44	43	8	74	16	31
15	57	57	45	42	24	75	15	30
16	57	40	46	41	40	76	14	28
17	57	22	47	40	55	77	13	26
18	57	3	48	40	9	78	12	24
19	56	43	49	39	22	79	11	22
20	56	22	50	38	34	80	10	20
21	56	0	51	37	46	81	9	18
22	55	37	52	36	56	82	8	16
23	55	13	53	36	6	83	7	14
24	54	48	54	35	16	84	6	12
25	54	22	55	34	24	85	5	10
26	53	55	56	33	32	86	4	8
27	53	27	57	31	40	87	3	6
28	52	58	58	31	47	88	2	4
29	52	28	59	30	53	89	1	2
30	51	57	60	29	59	90	0	0

Moyennant ceste Table, si la nauigation est faite soubs quelque parallel, & que l'espace du cours acheué soit cogneuë, la difference de longitude se trouuera par la regle de proportion : ou au contraire, si la difference de longitude est donnée, l'interuale se trouuera. Comme pour exemple : Que du Promontoir Occidental d'Afrique (qu'on appelle vulgairement *C. Dalguer*) qu'on nauige vers Occident par 200. lieuës d'Angleterre, qui sont 600. milles de nostre pays: Nous demandons la difference de longitude. Ce Promontoir là est à 30. d. de latitude Septentrionale. Or à vn degré de ce parallel, conuiennent 51'. 57''. c'est à dire 51. milles, & $\frac{57}{60}$ parties d'vn mille. D'icy se fera la disposition des termes proportionnaux, pour trouuer la difference de longitude. 51. milles 57'. (ou 52. entiers, pource que la difference est fort petite) donnent 1. d. doncques 600. donnent 11. d. & $\frac{28}{52}$ parties ; & telle sera la differéce de longitude d'entre le lieu duquel tu partiras, & celuy auquel tu paruiendras. Or il faudra changer les termes, si la difference de longitude est donnée, & qu'on cherche l'interuale ; mais il est moins propre & commode que celuy-là : car la longitude estant donnée, nous n'auons pas coustume de chercher l'interual, mais au contraire. Nous n'auons pas encore aussi cogneu le moyen d'obseruer les differences des longitudes ; ce que promettent neantmoins certains hommelets par grande presumption & iactance.: Mais *la moisson qu'on esperoit estre bonne se trouue en fin trompeuse, & pour le grain ne donne que la paille.*

Suiuent les choses qui different, tant en longitude qu'en latitude, desquelles la varieté & difference est grande. Nous auons dict qu'en la nauigation quatre choses sont à considerer ; Les differences de longitude, & aussi de latitude, l'interual, & le rumb du chemin accomply. Deux d'icelles estant données, les autres se pourront trouuer. Or en ces quatre termes, les transmutations des donnez & cherchez peuuent estre six, en ceste maniere.

Estãt dõné	Termes donnez		Termes trouués
Estãt dõné la diff.	des long. / des latit.	sõt trouués	le rumb. / l'ĩterual.
Estãt dõnée	la diff. long. / le Rumb	sõt trouués	la diff. latit. / l'interuale.
Estãt dõnée	la diff. long. / l'interuale	sõt trouués	la diff. latit. / le Rumb.
Estãt dõnée	la diff. latit. / le Rumb	sõt trouués	la diff. long. / l'interuale.
Estãt dõnée	la diff. latit. / l'interuale	sõt trouués	le Rumb. / la diff. long.
Estãt donné	le Rumb / l'interual	sont trouués	la longitude. / la latitude.

De chasques deux termes donnez, les deux autres sont requis, la plus part d'iceux (voire tous ceux qui nous peuuent seruir & donner quelque vsage) se peuuent faire par la pratique des Globes. Outre ces choses données, il est necessaire que nous cognoissions la latitude du lieu duquel nous sommes partis, & la quarte partie du monde, laquelle nous auons suiuy en nauigeant. Car autrement nous ne pourrons commodément,& bien à propos satisfaire aux demandes. La cause est,parce que la difference de longitude,& aussi de latitude,ont coustume d'estre nombrées en deux parties du monde,celle-cy en la partie Septentrionale & en la Meridionale, celles-là en Orient & Occident. Mais principalement,parce que de chasque partie du Meridien,& de toutes les deux extremitez d'iceluy,on peut tirer des rumbs,faisant angles ou inclinations égales,combien que les noms en soient diuers. C'est pourquoy, si la quarte partie du monde, vers laquelle nous auons aduancé, n'est cogneuë,la cognoissance des choses trouuées sera incertaine. S'il faut chercher la difference des latitudes,on la trouuera : mais nous ne pourrons definir,s'il la faut compter vers Midy,ou vers Septentrion. Si nous cherchons sa difference de longitude,on la pourra trouuer; mais nous ignorerons,s'il la faut compter vers Orient ou Occident. Quand on cherche le rumb,on pourra dire son inclination au Meridien;mais nous ne luy pourrõs donner sa denomination, si la quatriesme partie du monde n'est cogneuë,vers laquelle l'vn des lieux est incliné à l'autre. Car à chasques parties du Meridien, les rumbs ont égales inclinations. Ces admonitions données,cherchons chasque chose à part.

I.

La difference de longitude & latitude de deux lieux estant cogneuë, on trouue le Rumb & l'interuale.

TOurnez le Globe iusqu'à ce que quelque rumb entrecouppe le Meridien en la latitude du lieu, duquel tu seras party : par-apres tourne-le vers Oriẽt ou vers Occident (ſelon qu'il ſera requis) iuſques à ce que les degrez de l'equateur, égaux en nombre, à la difference longitudinale des deux lieux, paſſent par le Meridien. En-apres regarde ſi le rumb pris, entrecoupe le Meridien en la longitude du lieu auquel tu paruiendras; s'il le fait, icelui eſt le rumb du chemin acheué : autrement il en faut prendre vn autre iuſques à ce qu'il s'en rencontre vn qui le faſſe.

Serra Liona Promontoire d'Afrique eſt à 15. degrez 20'. de longitude, & à 7. degrez 30'. de latitude boreale : De là il faut nauiger à l'Iſle de ſaincte Heleine, qui eſt à 24. deg. 30'. de longitude, & à 15. degrez 30'. de latitude auſtralle : On demande le rumb auquel il faut faire le cours, lequel nous trouuerons en ceſte façon. Adioignons au Meridien le 356. degré 40'. & obſeruons le rumb que le Meridien entrecouppe en la latitude boreale de 7. degrez 30'. (qui eſt la latitude du lieu duquel nous partirons). Iceluy rumb eſt appellé Thracius & Leuconotus, ou bien comme les François l'appellent *Nort-nort-oeſt & Sud-ſudeſt.* Qu'on tourne par-apres le Globe vers Occident (parce que ſaincte Heleine eſt plus Orientale que Serra Liona) iuſques à ce que 9. degrez 10'. de l'equateur (qui eſt la difference des longitudes) paſſent le Meridien, & nous trouuerons en ce ſit du Globe, que le meſme rumb eſt couppé par le Meridien en la latitude auſtralle de 15. degrez 30'. autant qu'eſt la latitude de ſaincte Heleine. C'eſt donc le rumb qui conduit de Serra Liona à ſaincte Heleine. Par ceſte maniere on pourra trouuer le rumb d'entre deux lieux, quels qu'ils ſoient, ou exprimez au Globe, ou conceus auec ceſte condition, que la difference latitudinale & longitudinale ſoit cogneuë.

Si les lieux entre lesquels tu cherches le Rumb sont exprimez au Globe, prends entre les iambes du compas estendu la distance des deux lieux, & l'applique à chacun Rumb, (mais en ces lieux-là où passent les parallels de latitude des lieux donnez) iusques à ce que tu trouue le Rumb, duquel la portion comprise entre les parallels des deux lieux, conuienne à la distãce prise entre les iambes du compas. Pour exemple, si nous voulons cognoistre par quel Rumb nous sommes cõduits depuis le Promontoire Occidental d'Afrique (qu'on appelle Cap Cantin) qui est à 32.d.20'. de latitude, iusques à l'Isle qu'on appelle Canarie, ayant 28 deg. de latitude, nous appliquons à chasque Rumb la distance prise des lieux, mais non en autre lieu qu'entre les degrez de latitude 28. & 32.d. 20'. qui sont les latitudes des lieux donnez. Et nous trouuerons ceste distance appliquée au Rumb, qui est dict Afrique à Fauone, ou bien Sudsudoest : tellement que l'vn des pieds du compas, estant arresté à la latitude de 32.deg. 20'. l'autre tombe en la latitude 28. du mesme Rumb. D'où on pourra conclurre que depuis le Cap Cantin, iusques à Canarie, la nauigation doit estre ordonnée par Sudsudoest. Il y en a qui enseignent que ceste distance interposée entre les lieux doit estre appliquée à chasque rumb en l'equateur, au lieu de leur concours. Mais iceux nous ont enseigné choses faulses, & descrit leurs erreurs : Car combien que les portions d'vn mesme rumb, comprises entre deux parallels, distans également l'vn de l'autre en chasque partie du Globe, soient égales : si est-ce toutesfois qu'il ne les faut pas mesurer par vne semblable extension ou distance : Car les rumbs pres de l'equateur, ne differẽt beaucoup des cercles majeurs, mais plus loing, ils sont d'auantage courbez.

Le rumb estant trouué, nous cherchons l'interual. Nonius enseigne, qu'ayant pris entre les poinctes du compas l'espace de 10. lieuës, ou la moitié d'vn degré, les interuales des lieux sont mesurez en quelque rumb donné. D'autres prennent entre les pieds dudit compas 20. lieuës, ou vn degré entier : Ie n'en approuue ny l'vn, ny l'autre, & n'en rejette aucun. I'aduertis seulement cecy, que selon la propinquité ou esloignemēt des lieux à l'equateur, on peut prendre vne plus grande ou moindre mesure. Proche de l'equateur, là où les rumbs, comme nous auons dict, s'approchent plus pres des cercles majeurs, on pourra prendre entre deux vne plus grande mesure. Lors que tu seras plus loing de l'equateur, il faut que tu prenne entre deux la plus petite distance que tu pourras, parce que les rumbs sont beaucoup courbez : toutesfois tu mesureras beaucoup plus exactement, par le moyen de la table suiuante, les interuales & distances des lieux, ayant cogneu le rumb, & la difference de la latitude des lieux: La table est telle.

	D.	M.	S.
Rumb. 1	1	1	10
2	1	4	56
3	1	12	9
4	1	24	51
5	1	47	59
6	2	36	47
7	3	7	33

Or icy est monstré combien de degrez, minuttes, & secondes de l'equinoctial, ou du Meridien, conuiennent à vn degré en chasque rumb. Or à vn degré, comme nous auons souuent dict, correspondent 60. milles, à chasque minutte vn mille, à chasque seconde la soixantiesme partie d'vn mille, ou presque 17. pas. D'icy ayant cogneu la difference de latitude, on pourra facilement mesurer les distances des lieux en vn rumb donné par la regle de proportion : ou au contraire, estant cogneu l'interual, on cognoistra la difference de latitude. Pour exemple. Depuis le Promontoire d'Afrique, qu'on appelle Cap verd, lequel à 14.deg.30'. de latitude boreale, on a nauigé par le vent d'Afrique à Auster, ou Sudoestquart au Sud, iusques au Promontoire du Brasile, appellé Cap S. Augustin, qui a de latitude australle 8.deg. $\frac{1}{2}$. Nous cherchons l'interual de ces lieux, pour lequel trouuer nous disposons les termes de la proportion en ceste maniere: vn degré de latitude en ce rumb (qui est le troisiesme depuis le Meridien) à vn deg.12'. 9". c'est à dire 72. milles, auec $\frac{9}{60}$ parties; donc 23.deg. de latitude (autant qu'il y en a entre le Cap verd, & celuy de S. Augustin) demandent presque 1659. milles, & $\frac{1}{2}$, ou peu plus de 553.lieuës de nostre pays: tellement qu'autant est l'interuale du Cap verd au Promontoire S. Augustin, mesuré au troisiesme rumb depuis le Meridien.

II.

Le rumb du chemin fait, estant cogneu, & la difference de longitude, on cherche l'interual, & la difference latitudinale.

TOurne le Globe iusques à ce que le lieu se rencontre, là où le rumb donné, couppe le Meridien à la latitude du lieu duquel tu seras party. De là tourne-le vers Orient ou Occident, comme il est requis, iusques à ce que les degrez de l'equateur, pareils à la difference de longitude, passent par le Meridien, & marque le degré de latitude, lequel est entrecouppé au Meridien par le mesme rumb. Car iceluy monstrera la latitude du lieu auquel tu seras paruenu.

L'Isle saincte Heleine a 24.deg. 20'. de long. & 15.d. 30'. de latit. australle. Qu'on nauige de là par le vent Corus, ou Oest Nortoest, en quelque lieu plus Occidental de 24.deg. Nous demandons la latitude de ce lieu là. Premierement, qu'on constituë le Globe de telle sorte, que ce rumb entrecouppe le Meridien à la latitude australle de 15.deg.30'. autant qu'est la latitude de l'Isle saincte Heleine; ce qui se fera, si tu adjoins 37.deg. de longitude au Meridien. Qu'on tourne parapres le Globe vers Orient, iusques à ce que 24. deg. de l'equateur soient passez par le Meridien, & marque le degré du Meridien, que le mesme rumb entrecouppe, qui est vn degré austral, ayant de latitude presque 5.deg.30'. Car autant est la latit. du lieu auquel on est paruenu par ce cours là. Or le rumb estant cogneu, & la difference de latitude, l'interual se trouuera facilement par les choses premises.

III.

Estant donnée la difference de longitude, & l'interual, on cherche le rumb & la difference de latitude.

IL n'y a rien en tout cest art, qui soit plus difficile à trouuer que le rumb par l'interual donné & la difference de longitude, & ne se peut autremẽt chercher par l'vsage du Globe, que par vne laborieuse & souuent reiterée pratique, & auec plusieurs dimensions. Or ceste pratique si longue, & de si grand labeur est peu necessaire, ou du tout inutille, parce que la difference de longitude, comme nous auons aduerty cydessus, se trouue difficilement. A la mienne volonté que nos grands ostentateurs nous en donnassent l'inuention, afin que finablement nous puissions attendre d'eux quelque chose, outre leurs vaines parolles, promesses, & vaine esperance. Ie confesse bien qu'il y a d'autres pratiques, tirées des choses que nous auons icy traicté, aussi moins necessaires, de la mesme supposition de la difference de longitude : mais parce que leur pratique est plus facile, qu'il nous soit licite de les auoir proposé pour exercice.

IV.

La difference latitudinale estant cogneuë, & le Rumb, on trouue l'interual, & la difference de longitude.

COnstituë le Globe en telle sorte, que le rumb donné couppe le Meridien en la latitude du lieu duquel tu feras party, par-apres tourne-le vers Orient ou Occident (comme la chose le requiert,) iusques à ce que le mesme rumb couppe le Meridien en la latitude du lieu auquel tu feras paruenu : Tous les deux lieux estans marquez, nombre les degrez de l'equateur pris entre les Meridiens de l'vn & l'autre. Car telle est la difference de la longitude.

Le Cap Dalguer Promontoire d'Afrique a de latitude boreale presque 30. deg. Que de là on nauige par le rumb de Nortoestquart à l'Oest, iusques à la latitude boreale 38. deg. On demande la difference de longitude. Tournons le Globe iusques à ce que le Meridien couppe le rumb donné à la latit. boreale de 30. deg. ce qui se fera, si tu applique au Meridien 7. d. de longitude. De là qu'on tourne le Globe vers Oriēt, iusques à ce que le Meridien couppe le mesme rumb en la latit. boreale de 38. deg. ce qui se fera lors que le 352. deg. de longitude sera pres du Meridien. Parquoy ce lieu là, auquel tu feras paruenu, est plus Occidental que le Cap Dalguer, presque de 15. degrez, & le Meridien de ce lieu là passe par la partie Orientale de l'Isle de S. Michel, qui est vne des Asores. Nous auons dict en la premiere propos. comme se trouue l'interual, le rumb estant cogneu, & la difference de latitude.

V.

La difference de latitude estant cogneuë, & l'interual, on trouue le rumb & la difference de longitude.

LE rumb se trouuera facilement par la table que nous auons mise cy-dessus. La chose sera manifeste par vn exemple. Du Promontoire, le plus Occidental d'Afrique, qu'on nomme le Cap blanc, lequel a 10. deg. 30'. de latitude boreale, qu'on nauige entre le Septentrion & l'Occident par l'interual de 1080. milles à la latitude de 20. deg. 30'. boreale, on demande le rumb. Or on le trouue ainsi. La difference de latitude est 10. degtez. L'interual de 1080. milles. D'icy viendra ceste disposition des termes 10. deg. conuiennent à 1080. milles, donc vn degré a 108. milles. Que si tu les diuises par 60. nous trouuerons au quotient vn deg. 48'. lequel nombre si tu cherche en la table, tu le trouueras adjoinct au rumb 5. Car ce nombre là n'est pas moins que le nostre d'vne scrupulle seconde: d'où on pourra dire que la nauigation est faite par le cinquiesme rumb depuis le Meridien entre Septention & Occident. Or le rumb estant trouué, & la difference latitudinale cogneuë, tu chercheras la difference longitudinale par la seconde prop.

VI.

Le Rumb estant donnè, & l'interuale, on trouue la difference de longitude & latitude.

CEcy se trouue aussi facilement par la table cy-dessus mise. Vn exemple suffira pour le monstrer.

Depuis le dernier Promontoire auſtral d'Afrique, qui ſe nomme Cap de bonne Eſperance, qui a de latitude auſtralle preſque 35. degrez, qu'on nauige par Nort-nort-oeſt (qui eſt le ſecond rumb depuis le Meridien) 649. milles peu plus, ou ſi on veut 650. milles entiers. Nous demandons la difference latitudinale, ce qui ſera manifeſte par ce moyen. Conuertiſſons en milles les degrez & minuttes qui conuient à vn degré de latitude au ſecond rumb : ils vallent 64. 56'. pour leſquels il ſera loiſible de prendre 65. milles entiers: par apres les termes de la proportiõ ſe doiuẽt diſpoſer en ceſte ſorte. 65. milles conuiennent à vn degré de latitude : donc 10. deg. de latitude conuiendrõt à 650. leſquels ſi tu oſte des 35. de la latitude du lieu, duquel on eſt party, parce qu'on a nauigé vers l'equateur, les 25. deg. reſtans ſont pour la latitude auſtralle du lieu auquel nous ſommes paruenus. Or le rumb eſtant cogneu, & la difference latitudinale eſtant trouuée, on trouuera la difference de longitude, par la ſeconde propoſition.

FIN.

A PARIS,
De l'Imprimerie de FLEVRY BOVRRIQVANT,
& acheué le 7. Mars 1618.

TABLE DES PRINCIPAVX CHAPITRES DE CE TRAICTE'.

TROISIESME PARTIE.

QVATRIESME PARTIE.

DERNIERE PARTIE.

FIN.

www.ingramcontent.com/pod-product-compliance
Ingram Content Group UK Ltd.
Pitfield, Milton Keynes, MK11 3LW, UK
UKHW012032240726
13965UKWH00002B/748

9 782013 469463